Konstruktionsbücher
Herausgeber Professor Dr.-Ing K. Kollmann, Karlsruhe
10

Berechnung und Gestaltung von Wellen

Von

Dr.-Ing. F. Schmidt
Augsburg

Zweite neubearbeitete Auflage

Mit 110 Abbildungen

Springer-Verlag Berlin Heidelberg GmbH 1967

Softcover reprint of the hardcover 2nd edition 1967
Library of Congress Catalog Card Number: 66-28431

ISBN 978-3-540-03890-0 ISBN 978-3-662-21664-4 (eBook)
DOI 10.1007/978-3-662-21664-4

Titel-Nr. 6149

Vorwort zur zweiten Auflage

Nachdem bis zum Entwurf einer zweiten Auflage fast 15 Jahre verflossen sind, war eine weitgehende Neubearbeitung erforderlich.

Die neueren Erkenntnisse in der Festigkeitslehre ergaben zunächst eine Umarbeitung des Abschnittes „Berechnung der Beanspruchung", ebenso mußte der Abschnitt „Auswahl des Materials" entsprechend der neuen Klassifizierung und en Normbezeichnungen der Werkstoffe geändert werden. In Anbetracht der Bedeutung der Schwingungserscheinungen wurden die allgemeinen Anweisungen für die entsprechenden Berechnungen erweitert, wobei auf die Bemerkungen im Vorwort zur ersten Auflage hingewiesen werden soll. Wesentliche Ergänzungen bringen auch die Abschnitte über Gelenkwellen und über Kurbelwellen.

Den Firmen, die mir für die neue Auflage bereitwilligst Unterlagen und Zeichnungen zur Verfügung stellten, möchte ich meinen Dank aussprechen. Auch danke ich meinem Sohn Dipl.-Ing. G. SCHMIDT für die Bearbeitung des Abschnittes „Festigkeitsberechnung" und Hilfe beim Lesen der Korrekturen.

Augsburg, im Herbst 1966

Fritz Schmidt

Vorwort zur ersten Auflage

Nachdem ich vor dem Kriege schon am ersten Band der Konstruktionsbücher mitgearbeitet hatte, bin ich der Aufforderung des Herausgebers, mich an der Fertigstellung weiterer Bände zu beteiligen, gern nachgekommen, obgleich es bei der starken beruflichen Inanspruchnahme nicht leicht fällt. Ich empfand in der Aufforderung eine gewisse Verpflichtung, etwas aus der Erfahrung einer 27jährigen Konstruktionspraxis auf dem weitgreifenden Gebiet des Motorenbaues niederzulegen und dem lernenden Ingenieur zu vermitteln.

Die Eigenart dieser kleinen Bände, die als Bausteine in eine bestimmte Reihe passen müssen, erfordert eine starke Beschränkung. Es war daher notwendig, manche mit der Konstruktion von Wellen eng zusammenhängende Gebiete nur zu streifen und, wenn möglich, auf andere Bände hinzuweisen. Trotzdem habe ich mit Absicht bestimmte rechnerische Grundlagen, die eigentlich zu dem von den technischen Schulen mitgenommenen Rüstzeug gehören, eingeflochten. Erfahrungsgemäß ist das Auffrischen dieser Grundlagen in solchen Büchern sehr wünschenswert, weil das bloße Aufzählen von Formeln gar zu leicht zu falschen Anwendungen führt.

Augsburg, Mai 1951

Fritz Schmidt

Inhaltsverzeichnis

Einführung

Unter einer Welle verstehen wir ein Maschinenelement von einer gewissen Längenausdehnung, das vornehmlich zur Übertragung eines Drehmomentes bzw. einer drehenden Bewegung dient. Neben diesen Hauptzweck treten verschiedene weitere Aufgaben und daraus resultierende Beanspruchungen. Die Wellen haben die Lasten von rotierenden Körpern der Maschinen zu tragen und weitere Querkräfte aufzunehmen, die aus dem Aufbau und Zweck hervorgehen. Beispiele sind: die Gewichte der Rotoren von Turbinen und Elektromaschinen, von Schwungrädern, Zahnrädern und Seilscheiben, an denen außer den Eigengewichten Querkräfte wie Strömungsdruck, Zahndruck, Seilzug usw. angreifen. In den meisten Fällen kommt den Wellen auch die Aufgabe zu, die Querkräfte auf die Lagerung zu übertragen; ein Teil ihrer Oberfläche dient dann als Lauffläche in den Lagern, sofern nicht besondere Lagerkörper, wie z. B. bei Wälzlagern, aufgesetzt sind.

Zu den Querkräften gesellen sich oft noch erhebliche Kräfte in Längsrichtung; markante Beispiele sind die Druckwellen von Schiffsantriebs-Anlagen oder die Tragwellen von großen, senkrecht angeordneten Wasserturbinen. Die Lagerung der Welle muß dann an einer Stelle so ausgebildet werden, daß der Schub auf das ruhende Gestell übertragen, und die Welle in einer bestimmten Lage festgehalten werden kann.

Als besondere Bauart ist noch die Kurbelwelle hervorzuheben, die bei Kolbenmaschinen das Hauptelement für die Übertragung der hin- und hergehenden Bewegung in eine rotierende Bewegung darstellt. Diese Wellen haben bei großen Maschinen, z. B. vielzylindrigen Dieselmotoren, außerordentlich große Querkräfte und Drehmomente aufzunehmen, zu denen oft noch zusätzliche Drehmomente durch Schwingungserscheinungen hinzutreten. Die Gestaltung und Berechnung der Kurbelwellen, insbesondere die Untersuchung der Drehschwingungen, lassen sich im Rahmen dieses Buches nicht erschöpfend behandeln, es wird auf die im Kap. VII angezogene Literatur verwiesen.

In steigendem Maße stellt der Fahrzeugbau und auch der allgemeine Maschinenbau die Aufgabe, erhebliche Leistungen zwischen zwei Wellen zu übertragen, die im Winkel zueinander stehen oder auch ihre Lage zueinander ständig ändern. Den Bauarten solcher Gelenkwellen wird ein besonderes Kapitel gewidmet.

Als eine weitere Sonderbauart sind die biegsamen Wellen zu erwähnen, bei denen Gliederwellen oder Schlauchfedern in schlauchartigen Hüllen geführt werden. Sie werden zur Übertragung kleinerer Drehmomente für zahlreiche Instrumente, neuerdings auch zur Fernleitung von Dreh- und Schiebebewegungen auf beträchtliche Entfernungen verwendet.

I. Die Grundlagen der Bemessung

Die Berechnung der Hauptabmessungen und die Bestimmung der Form gliedert sich in vier Hauptaufgaben, deren Probleme zunächst kurz zusammengefaßt werden.

Mit der **Ermittlung der auf die Welle einwirkenden Kräfte und Momente** (Abschn. A, S. 3) werden die Grundlagen gewonnen, um dieselben auf ein einfaches, klares Kräftesystem zu reduzieren, das die Berechnung oder wenigstens Abschätzung der Beanspruchung an den wichtigen Stellen ermöglicht. — Leider lassen sich die einwirkenden Kräfte bzw. deren Zusammenwirken in vielen Fällen nicht genau ermitteln. So sind, z. B. bei Bearbeitungsmaschinen die Kräfte zur Materialtrennung, Zerkleinerung und Verformung schwer zu erfassen und nur aus der Erfahrung abzuschätzen. Bei allen Maschinen mit schwingender oder stoßender Beanspruchung ist es außerordentlich schwierig, die dynamischen Kraftwirkungen zu erfassen. Sie müssen geschätzt werden, es sei denn, daß das System soweit vereinfacht werden kann, daß eine Schwingungsrechnung möglich ist. Wenn die Wellen mehr Lagerstellen aufweisen, als zur Gleichgewichtsbedingung notwendig sind, so haben wir ein statisch unbestimmtes System vor uns, in dem die Kräfteverteilung nur durch ein umständliches Berechnungsverfahren aus den Verformungsmöglichkeiten an den verschiedenen Stützpunkten ermittelt werden kann. Im allgemeinen verzichtet man im Maschinenbau auf eine solche Durchrechnung und trennt ein solches System durch entsprechende Schnitte in statisch bestimmte Einzelteile. Diese Vereinfachung rechtfertigt sich aus folgenden Überlegungen: Erstens ist die Lage der zusätzlichen Stützpunkte oft gar nicht so genau festzulegen, um deren Einwirkung auf das System richtig zu berechnen, und zweitens führt die Weglassung der zusätzlichen Stützkräfte und Momente immer zu einer Überschätzung der Beanspruchung, man ist also auf der sicheren Seite.

Die Überlegung ist allerdings hinfällig, wenn die Stützpunkte durch äußere Verformungen so verlagert werden, daß sie einen starken Zwang auf das System ausüben, z. B. wenn eine mehrfach gelagerte Welle durch Verformung des Gestelles oder des Fundamentes verbogen wird. In den meisten Fällen gilt aber für unsere Berechnung die Voraussetzung, daß der Rahmen ausreichend starr ist, so daß die „Ausrichtung" unabhängig von äußeren und inneren Kräften erhalten bleibt.

Die Berechnung der Beanspruchungen (Abschn. B, S. 8) setzt voraus, daß man zunächst unter Zugrundelegung der Gesamtkonstruktion und der besonderen Aufgabe der Welle eine vorläufige Form entwickelt hat. Sie muß dann so endgültig festgelegt werden, daß die aus den Kräften und Momenten errechneten Beanspruchungen an keiner Stelle den zulässigen Wert überschreiten. So einfach diese Aufgabe erscheint, so ist sie doch nur selten vollkommen zu übersehen. Sowie die Körper von der einfachsten Form abweichen, ist es schon ein Problem für sich, diejenigen Stellen zu ermitteln, wo die Spannungen Höchstwerte erreichen, ganz abgesehen davon, daß unsere Entwicklungen der Festigkeitslehre zur Berechnung der wirklichen Spannungen nicht ausreichen. Die Abschätzung des Kräfteverlaufs und der daraus entstehenden „Spannungsspitzen" erfordert ein Vertrautsein mit den neuen Erkenntnissen der Festigkeitslehre und eine gewisse Erfahrung. Deren Wert kann nicht hoch genug eingeschätzt werden; selbst erworbene bittere Erfahrungen sind nun einmal die besten und wirksamsten Wegweiser und erleichtern das Erkennen und Beseitigen von gefährdeten Stellen.

Die Auswahl des Werkstoffs (Abschn. C, S. 23) hängt eng mit dem Ergebnis der Berechnung der Beanspruchung zusammen. Voran steht der wirtschaftliche Grundsatz, daß der Werkstoff nicht hochwertiger und teurer sein soll, als es für den vorliegenden Zweck erforderlich ist. Erst wenn Raum- oder Gewichtsbeschränkungen zu kleineren Abmessungen und damit höheren Beanspruchungen zwingen, oder wenn besondere Betriebsbedingungen (z. B. Härte an Verschleißstellen, Korrosionsbeständigkeit u. dgl.) vorliegen, muß man zu Sonderwerkstoffen greifen. Deren Auswahl wird oft durch die umfangreichen Angebote von Sonderwerkstoffen durch die Stahlwerke erschwert, wobei mit dem Lob der Eigenschaften nicht gespart wird, dagegen gewisse Mängel und Gefahren nicht erwähnt werden. Man sollte stets anstreben, mit den Sonderstählen nach den DIN-Normen auszukommen und jede überspitzte Anforderung tunlichst vermeiden, da die Gefahr der Kerbempfindlichkeit und von Vergütungsspannungen um so größer ist, je höher die Festigkeit der Stähle getrieben wird.

In zahlreichen Fällen ist nicht die Beanspruchung, sondern die **Verformung unter den angreifenden Kräften** maßgebend für die Bemessung der Wellen (Abschn. D, S. 30). Zu unterscheiden ist:

Begrenzung der höchsten Verdrehung für ein bestimmtes Wellenstück.

Festlegung einer höchsten Durchbiegung an einer bestimmten Stelle unter dem Einfluß der Querkräfte und Lasten.

Begrenzung der Abweichung von der Achsrichtung, die durch die Durchbiegung an einem bestimmten Knotenpunkt entsteht.

Begrenzung der Verformung mit Rücksicht auf die Schwingungseigenschaften des Systems. Jede Welle bildet auf Grund ihrer Elastizität zusammen mit den auf ihr befestigten Massen ein schwingungsfähiges Gebilde, das von periodisch angreifenden Kräften zu Schwingungen erregt werden kann. Diese wachsen im Falle der „Resonanz" theoretisch zu unendlich großen, praktisch meistens gefahrdrohenden Ausschlägen an. „Resonanz" tritt ein, wenn die erregenden Kräfte oder eine ihrer Komponenten in die Richtung der möglichen Schwingungsbewegungen fallen, und außerdem die Frequenz der Erregung mit der „Eigenfrequenz" des Systems dieser Schwingungsmöglichkeit übereinstimmt.

Grundsätzlich werden folgende Schwingungsarten unterschieden:

a) *Biegungsschwingungen*, bei denen die Wellen mit den auf ihnen befestigten Massen Bewegungen quer zur Wellenachse ausführen und diese auf Biegung beansprucht werden. Als Erregende kommen fast immer die Fliehkräfte von unvermeidlichen Unwuchten in Betracht.

b) *Drehschwingungen*, bei denen die auf den Wellen befestigten Massen zusätzliche Drehbewegungen gegeneinander ausführen und damit entsprechende zusätzliche Drehbeanspruchung verursachen. Sie werden durch Schwankungen der durch die Welle geleiteten Drehmomente erregt, deren Quellen in den antreibenden oder getriebenen Maschinen oder in beiden liegen.

c) *Längsschwingungen* treten vereinzelt in Wellenleitungen bzw. Kurbelwellen von großen Schiffsanlagen auf. Sie werden sowohl durch Schubschwankungen vom Propeller als auch durch elastische Verformungen der Kurbelkröpfungen erregt.

d) In manchen Fällen treten solche Schwingungsarten zusammen auf und sind durch die auftretenden Bewegungen und Kräfte miteinander gekoppelt. Diese Kopplungen sind aber meistens von untergeordneter Bedeutung, so daß man ein ausreichend klares Bild erhält, wenn man beide Schwingungsbewegungen getrennt behandelt.

Die Berechnung und Beherrschung dieser Schwingungserscheinungen hat sich zu einem neuen Gebiet des Maschinenbaues entwickelt, in dem während der letzten 25 Jahre außerordentliche Fortschritte gemacht worden sind. Im Rahmen dieses Bandes können nur die einfachsten Grundsätze und Anweisungen erläutert werden, im übrigen muß auf die umfangreiche Fachliteratur verwiesen werden.

A. Die Ermittlung der Kräfte und Momente

1. Der einfachste Fall ist die Durchleitung eines reinen Drehmomentes durch die Welle (Abb. 1a). Dabei wird die gerade Welle in ihrem Querschnitt nur auf

Drehung beansprucht. Querkräfte bzw. Lagerreaktionen treten nicht auf. (Für die gekröpfte Welle s. Kap. VII.) Dieselben Verhältnisse liegen vor, wenn an der Welle selbst ein reines Kräftepaar angreift (Abb. 1b), dessen Achse mit der Wellenachse übereinstimmt. Das Drehmoment in der Welle ist dann $P \cdot a$.

2. Treten Umfangskräfte P_1, P_2 usw. an den Hebelarmen r_1, r_2 auf (Abb. 2), so ist das resultierende Drehmoment im Schnitt $s-s$: $M_d = \sum (P_n \cdot r_n)$. Die Umfangskräfte wirken außerdem als Querkräfte, die die Wellenachse senkrecht schneiden. Bezüglich deren Behandlung vergleiche nachfolgenden Absatz A. 3.

3. Bei der Betrachtung von Querkräften nehmen wir zunächst den einfachen Fall an, daß alle Kräfte P_1, $P_2 \ldots P_n$ senkrecht zur Wellenachse angreifen und in einer Ebene wirken (Abb. 3).

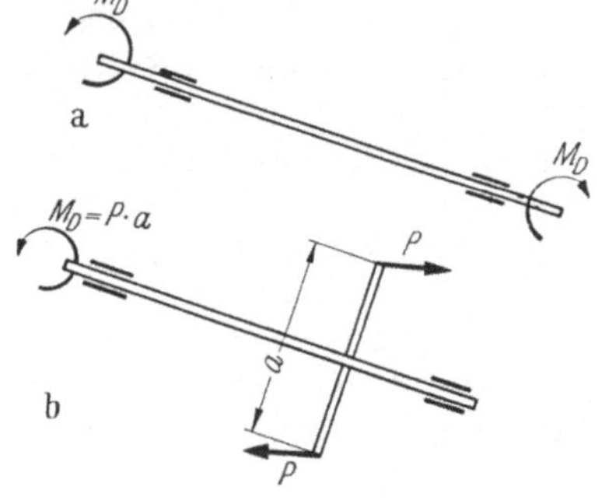

Abb. 1a u. b. Welle mit durchgeleitetem Drehmoment (a) und angreifendem Kräftepaar (b).

Abb. 2. Welle mit angreifenden Umfangskräften.

Für die an zwei Stellen frei gelagerte Welle ergeben sich dann die Auflagekräfte aus den Gleichungen

$$B = \sum \frac{(P_n \cdot l_n)}{l}, \quad A = \Sigma (P_n) - B \text{ bzw. } A = \sum \frac{P_n (l - l_n)}{l}. \tag{1}$$

Das Biegungsmoment an einer beliebigen Schnittstelle $s-s$ ist durch die Gleichgewichtsbedingungen der Momente gegeben:

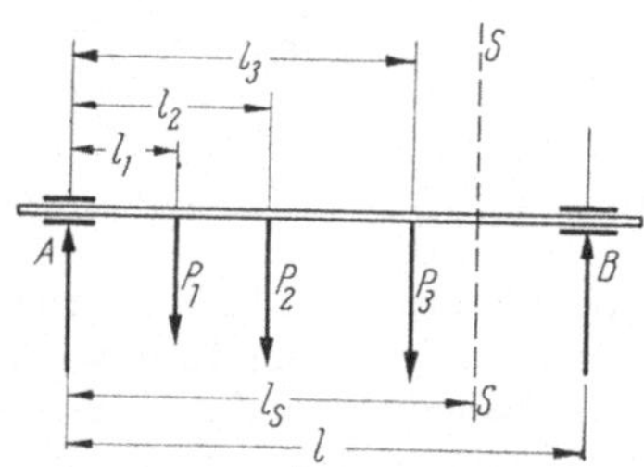

Abb. 3. Welle mit Querkräften.

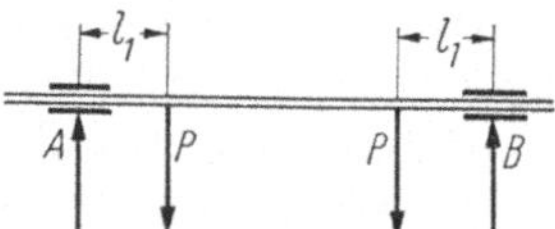

Abb. 4. Welle mit symmetrischen Paaren von Querkräften.

$$M_s = A \cdot l_s - \sum_1^s [P_n (l_s - l_n)] \quad \text{bzw.} \quad B (l - l_s) - \sum_s^n [P_n (l_n - l_s)]. \tag{2}$$

Besonders hervorzuheben ist der Fall des symmetrischen Belastung, bezogen auf eine in der Mitte zwischen den Lagern liegende Ebene. Wenn auf jeder Seite nur eine einzige Kraft wirkt (gemäß Abb. 4), so ergibt sich folgender einfacher Fall: $A = B = P_1 = P_2$, und das Biegungsmoment ist in dem Bereich von P_1 bis P_2 konstant $= P_1 \cdot l_1$.

Tritt neben den Einzelkräften noch eine über die Länge der Welle verteilte kontinuierlicheBelastung auf, z. B. durch das Eigengewicht, so muß man zunächst abschätzen, ob diese verteilte Last gegenüber den eigentlichen Kräften überhaupt von Bedeutung ist. In vielen Fällen kann man z. B. das Eigengewicht der Welle überhaupt vernachlässigen, ohne eine Unsicherheit in die Rechnung zu bringen. Wenn die Berücksichtigung der gleichmäßig verteilten Last notwendig ist, wird diese in einzelne markante Felder verlegt, deren Gewicht dann in der Schwerelinie des Feldes wirkt. Man stellt dann die stetig verteilte Belastung in Gestalt einer Belastungskurve in kp/cm über die Spannweite der Welle dar und teilt sie in passende Abschnitte mit den Flächen f_n. Jeder Abschnitt gibt dann eine im Schwerpunkt der Fläche wirkende Einzelkraft von der Größe

$$P = f_n \cdot p' \cdot m \quad [\text{kp}] .$$

Dabei ist:

p' = Maßstab der Last [kp/cm] bei der Auftragung (1 cm = p' [kp/cm]),
m = Längenmaßstab (1 cm = m [cm] in Wirklichkeit).

Sowie man eine größere Anzahl von Einzelkräften bzw. eine stetig verteilte Last hat, ist die rechnerische Ermittlung der Biegungsmomente schwierig, insbesondere ist die Lage des größten Momentes nicht sofort zu übersehen. Ein umfassendes Bild der Belastung der Welle erhält man durch das graphische Verfah-

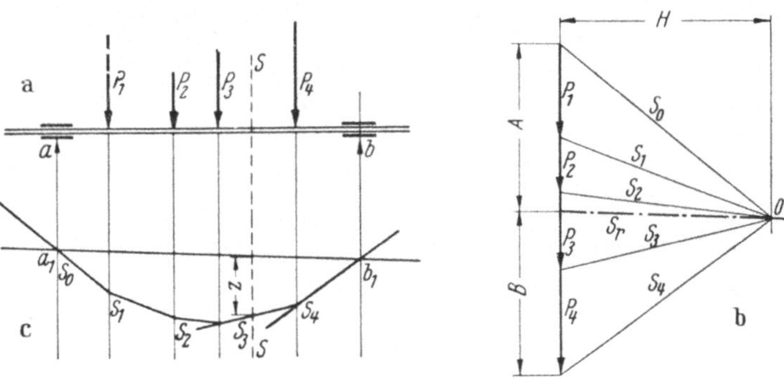

Abb. 5a—c. Das Seileck-Verfahren.

ren. Da es gleichzeitig die Grundlage für die Ermittlung der Durchbiegungen und zum Teil auch der Biegungs-Eigenfrequenzen bildet, muß man sich mit dem Seileck-Verfahren vollkommen vertraut machen.

Man zeichnet das Schema der Welle mit den angreifenden Kräften P_1, P_2, P_3 usw. und den beiden Auflagepunkten a und b (Abb. 5a). Hierbei wird man natürlich zu zahlreichen vereinfachenden Annahmen gezwungen.

So ist es z. B. üblich, die Stützpunkte der Lagerung in die Mittelebene der Lager zu legen, ebenso legt man die Wirkungslinie der Kräfte bzw. Lasten in die Mitte der Angriffsflächen bzw. durch die Schwerelinie des betreffenden Körpers.

Neben dem Schema trägt man den Kräftezug auf (Maßstab 1 cm = i [kp]) und wählt im beliebigen Abstand H den Polpunkt 0 (Abb. 5b). Parallel den Polstrahlen s_0, s_1, ... s_n trägt man nun den Seilzug gemäß Abb. 5c ein. Zieht man in Abb. 5b die Parallele zu der Verbindungsgeraden a_1, b_1 durch 0, so teilt sie die Resultierende R im Kräfteplan in die beiden Auflagekräfte A und B. Es kann vorkommen, daß der Teilpunkt außerhalb der Resultierenden liegt. Aus der Zusammensetzung und Richtung der Kräfte bzw. Seilstrahlen in den Punkten a_1 und b_1 ergibt sich dann die Richtung der Auflagekräfte

Das Biegungsmoment an jedem beliebigen Schnitt $s-s$ ist gegeben durch $H \cdot z$, wobei man besonders auf die bei der Aufzeichnung verwendeten Maßstäbe achten muß. Das wirkliche Biegungsmoment ist:

$$M_B = H \cdot z \cdot i \cdot m \quad [\text{kp cm}] . \tag{3}$$

Das Verfahren hat den Vorteil, daß der Verlauf des Biegungsmomentes längs der Welle klar zu erkennen ist, also auch das Maximum. Daraus ergeben sich auch wichtige Hinweise für die Ausbildung der Welle. In Abb. 6a—c ist noch die Seileck-Konstruktion für den Fall durchgeführt, daß die Welle ein über ein Lager hinausragendes Ende mit Belastung aufweist. Zu beachten ist, daß in dem Schnittpunkt von Seilzug und Schlußlinie die Ordinate z ihre Richtung ändert, das Biegungsmoment also in einer anderen Richtung wirkt. Zur Klarstellung nennen wir dasjenige Biegungsmoment positiv, das die Welle nach unten durchbiegt, d. h. welches die untere Faser streckt.

Wenn die Kräfte und Lasten nicht in einer Ebene wirken, so muß man alle Kraftvektoren auf zwei senkrecht aufeinanderstehenden Ebenen x und y projizieren. Für beide Ebenen werden nun der Momentenverlauf und die Auflagekräfte aus der Komponenten P_{x_1}, P_{x_2} ... und P_{y_1}, P_{y_2} usw. bestimmt, am besten

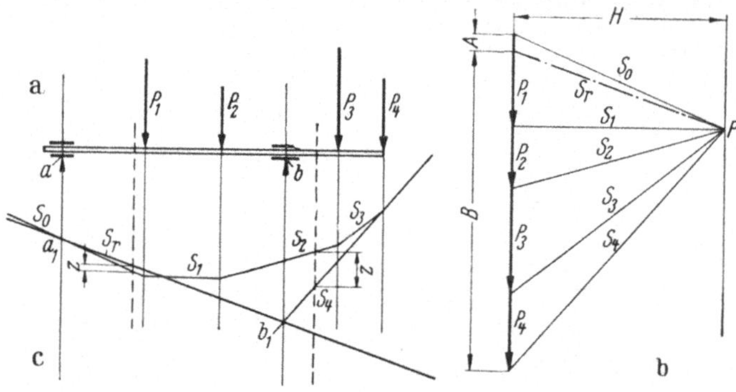

Abb. 6a—c. Seileck-Konstruktion.

nach dem Seileck-Verfahren. Größe und Richtung der Kräfte in den Lagern ergeben sich dann als Resultierende der Kräfte A_x und A_y, bzw. B_x und B_y. In jeder Ebene s—s wird das resultierende Biegemoment als die geometrische Summe der einzelnen Biegemomente erhalten. Wählt man für die Kräftezüge der x- und y-Ebene den gleichen Polabstand H, so ist das Biegemoment an der Schnittstelle s—s:

$$M_{ss} = H \cdot \sqrt{z_x^2 + z_y^2} \cdot i \cdot m \quad [\text{kp cm}]\,. \tag{4}$$

Wenn Kräfte nicht senkrecht zur Wellenachse wirken, so zerlegt man sie zunächst in eine Komponente senkrecht und eine parallel zur Achse. Die erstgenannten ergeben das gleiche Belastungsbild, das soeben behandelt wurde. Die Komponenten in Achsrichtung ergeben einen Längsschub, der von einem entsprechenden Lager aufgenommen werden muß (s. Abschn. III. C).

Für viele in der Praxis vorkommende Belastungsfälle sind die wichtigsten Daten in Tabellen zusammengestellt, die man in den meisten Ingenieurhandbüchern findet [*1*].

Mehrfach gelagerte Wellen. Wenn eine durchlaufende Welle in mehr als zwei Lagern gelagert ist, so ist das System „statisch unbestimmt", d. h. die Lagerdrücke und der Verlauf des Biegungsmomentes lassen sich nur unter Berücksichtigung der elastischen Eigenschaften der Welle und der Lager ermitteln. Solche Rechnungen sind meistens sehr umständlich, es sei denn, daß es sich um sehr einfach liegende Fälle handelt. Für eine dreifach gelagerte Welle gleicher Stärke, d. h. gleicher Steifigkeit läßt sich für den Fall gleicher Feldlängen und symmetrischer Belastung die Berechnung verhältnismäßig leicht übersehen, da die Tangente der elastischen Linie im Mittellager waagerecht verlaufen muß. Für die Welle gemäß Abb. 7 lassen sich die gesuchten Werte sofort aus dem Belastungsbild 3 der Tab. 1 ermitteln, die Belastung der Mittelstütze ist $11/8\ P$, das größte Biegungsmoment liegt ebenfalls an dieser Stelle mit dem Wert $3/16\ P \cdot l$, während es an der Angriffstelle nur $5/32\ P \cdot l$ beträgt.

Bei der Welle mit stetiger Belastung p [kp/cm] nach Abb. 8 ergibt sich aus dem Belastungsbild Nr. 39a der Tabelle in Hütte I, 28. Aufl., S. 890 die Kraft im Mittellager zu $5/4\ p \cdot l$ und das größte Biegemoment an dieser Stelle zu $\frac{p \cdot l^2}{8}$. In den Wellenabschnitten zwischen den Stützen ist $M_{\max} = 0{,}07 \cdot p \cdot l^2$.

Zum Vergleich ziehen wir nun einmal die Werte heran, die man erhält, wenn man zur Beseitigung der statischen Unbestimmtheit die Welle an der Mittelstütze

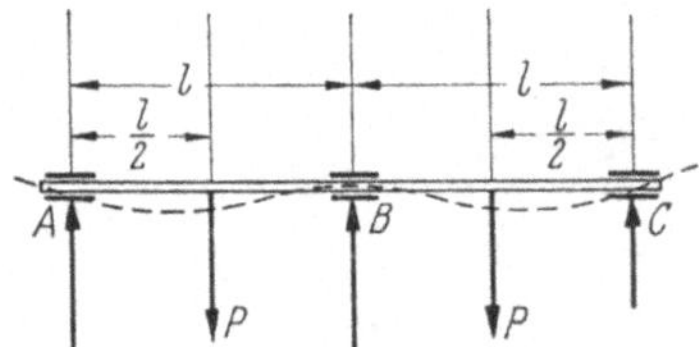

Abb. 7. Symmetrisch dreifach gelagerte Welle.

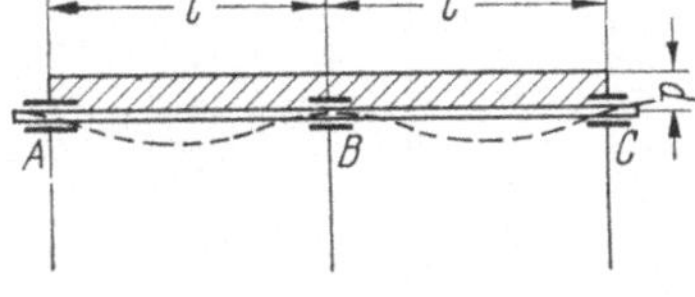

Abb. 8. Symmetrisch dreifach gelagerte Welle (stetig belastet).

in zwei Teile schneidet. Dann ist für Abb. 7 die Stützkraft in der Mitte P, *das Biegemoment* an dieser Stelle verschwindet, dafür erhalten wir in der Mitte des Wellenstückes das Moment $\frac{P \cdot l}{4}$. Für Abb. 8 ergeben sich die Werte: Mittlere Stützkraft $= p \cdot l$, Biegemoment in den beiden Hälften $= \frac{p \cdot l^2}{8}$.

Wir haben damit eine Übersicht gewonnen, wie sich die Verhältnisse gestalten, wenn man die durchlaufende mehrfach gelagerte Welle in einzelne statisch bestimmte Abschnitte unterteilt. Das meist ziemlich große Moment an der zusätzlichen Stütze ist nicht zu erfassen, für das Biegemoment in den Abschnitten ergeben sich aber in den meisten Fällen größere Werte. Bezüglich der exakten Berechnung mehrfach gelagerten Wellen muß auf die Fachliteratur verwiesen werden [*2*, *3*].

In der Praxis wird gewöhnlich auf die Durchführung solcher Rechnungen verzichtet aus folgenden Überlegungen:

1. Eine exakte Berechnung setzt voraus, daß die Mitten der Lager mit großer Genauigkeit festliegen, bzw. daß die Ausrichtung der Lagerstellen mathematisch genau ist, außerdem noch, daß der die Lager tragende Rahmen absolut starr ist. Da diese Voraussetzungen praktisch selten zutreffen, hat die ganze Berechnung mit solchen Annahmen einen zweifelhaften Wert.

2. Trennt man die durchlaufende Welle durch entsprechende Schnitte in einzelne statisch bestimmte Abschnitte, so verschwinden zwar die Momente an den zusätzlichen Lagerstellen, diejenigen in den Wellenabschnitten werden aber meistens größer, als die genaue Durchrechnung ergeben würde. Man ist also auf der sicheren Seite.

Etwas anders liegen die Verhältnisse, wenn durch fehlerhafte Montage oder Verlagerung dieses Lagers die genaue Ausrichtung der Lagerungen nicht stimmt. Dann wird ein zusätzlicher Zwang auf die Welle ausgeübt, der oft zu unerwarteten Brüchen führt (vgl. darüber Kap. VIII).

Tabelle 1

Belastungsfall	Auflagerdrücke A, B. Biegemoment M	Tragkraft P. Erforderl. Widerstandsmoment W	Gleichung der elastischen Linie	Durchbiegung f
(1)	$A = B = \frac{P}{2}$ Für $A\,C: M = \frac{P\,x}{2}$ $\max M = \frac{P\,l}{4}$	$P = 4\,\frac{\sigma_{b\,\mathrm{zul}}\,W}{l}$ $W = \frac{P\,l}{4\,\sigma_{b\,\mathrm{zul}}}$	Für $A\,C$: $y = \frac{P\,l^3}{16\,E\,J}\left(\frac{x}{l} - \frac{4}{3}\,\frac{x^3}{l^3}\right)$ $\beta_A = \beta_B = \frac{P\,l^2}{16\,E\,J}$	$f = \frac{P}{E\,J}\,\frac{l^3}{48}$ $= \frac{1}{6}\,\frac{\sigma_{b\,\mathrm{zul}}}{E}\,\frac{l^2}{h}$
(2)	$A = \frac{P\,c_1}{l}$; $B = \frac{P\,c}{l}$ Für $A\,C: M = \frac{P\,c_1\,x}{l}$ Für $B\,C: M = \frac{P\,c\,x_1}{l}$ $\max M = P\,c\,c_1/l$	$P = \sigma_{b\,\mathrm{zul}}\,W\,\frac{l}{c\,c_1}$ $W = \frac{P\,c\,c_1}{l\,\sigma_{b\,\mathrm{zul}}}$	$y = \frac{P}{E\,J}\,\frac{c^2\,c_1^2}{6\,l}\left(2\,\frac{x}{c} + \frac{x}{c_1} - \frac{x^3}{c^2\,c_1}\right)$ $y_1 = \frac{P}{E\,J}\,\frac{c^2\,c_1^2}{6\,l}\left(2\,\frac{x_1}{c_1} + \frac{x_1}{c} - \frac{x_1^3}{c_1^2\,c}\right)$	$f = \frac{P}{E\,J}\,\frac{l^3}{3}\,\frac{c^2}{l^2}\,\frac{c_1^2}{l^2}$ $\max f$ für $x = c\sqrt{\frac{1}{3} + \frac{2\,c_1}{3\,c}}$ wenn $c < c_1$ $x_1 = c_1\sqrt{\frac{1}{3} + \frac{2\,c}{3\,c_1}}$ wenn $c < c_1$
(3)	$A = \frac{5}{16}\,P$; $B = \frac{11}{16}\,P$ Für $A\,C: M = \frac{5}{16}\,P\,x$ für C; $M = \frac{5}{32}\,P\,l$ für $B\,C$: $M = P\,l\left(\frac{5}{32} - \frac{11}{16}\,\frac{x_1}{l}\right)$ $\max M = 3\,P\,l/16$	$P = \frac{16}{3}\,\frac{\sigma_{b\,\mathrm{zul}}\,W}{l}$ $W = \frac{3}{16}\,\frac{P\,l}{\sigma_{b\,\mathrm{zul}}}$	$y = \frac{P}{E\,J}\,\frac{l^3}{32}\left(\frac{x}{l} - \frac{5}{3}\,\frac{x^3}{l^3}\right)$ $y_1 = \frac{P}{E\,J}\,\frac{l^3}{32}\left(\frac{1}{4}\,\frac{x_1}{l} + \frac{5}{2}\,\frac{x_1^2}{l^2} - \frac{11}{3}\,\frac{x_1^3}{l^3}\right)$	$f = \frac{P}{E\,J}\,\frac{7\,l^3}{768}$ für $x = l\sqrt{\frac{1}{5}}$ ist $\max f = \sqrt{\frac{1}{5}}\,\frac{P\,l^3}{48 \cdot E J}$
(4)	$A = B = P/2$ Für $AC: M = \frac{P\,l}{2}\left(\frac{x}{l} - \frac{1}{4}\right)$ für $C\,B: M = \frac{P\,l}{2}\left(\frac{3}{4} - \frac{x}{l}\right)$ $\max M = P\,l/8$	$P = 8\,\frac{\sigma_{b\,\mathrm{zul}}\,W}{l}$ $W = \frac{P\,l}{8\,\sigma_{b\,\mathrm{zul}}}$	$y = \frac{P}{E\,J}\,\frac{l^3}{16}\left(\frac{x^2}{l^2} - \frac{4}{3}\,\frac{x^3}{l^3}\right)$	$f = \frac{P}{E\,J}\,\frac{l^3}{192}$ $= \frac{1}{12}\,\frac{\sigma_{b\,\mathrm{zul}}}{E}\,\frac{l^2}{h}$

B. Die Berechnung der Beanspruchung

1. Reine Drehbeanspruchung

Für diesen Fall ergibt sich eine Schubbeanspruchung in der Welle; in jedem Querschnitt liegt deren Höchstwert an der Außenfläche des Wellenkörpers mit dem Wert

$$\tau_{\max} = \frac{M_D}{W_D}\,, \qquad (5)$$

(5) 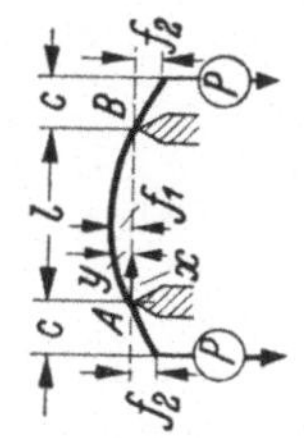	$A = B = P$ Für $A\,B$: $M = P\,c = \text{const}$	$P = \frac{\sigma_{b\,zul}\,W}{c}$ $W = \frac{P\,c}{\sigma_{b\,zul}}$	Für $A\,B$: $y = f_1 - [\varrho - \sqrt{\varrho^2\,(1/2\,l - x)^2}]$ worin $\varrho = \frac{E\,J}{P\,c}$ = unveränd.	f_1 in der Mitte der Stützweite $f_1 = \frac{P}{E\,J}\,\frac{l^3}{8}\,\frac{c}{l}$ $= \frac{1}{4}\,\frac{\sigma_{b\,zul}}{E}\,\frac{l^2}{h} = \frac{l^2}{8\,\varrho}$ $f_2 = \frac{P}{E\,J}\,\frac{c^2}{3}\left(c + \frac{3\,l}{2}\right)$
(6) 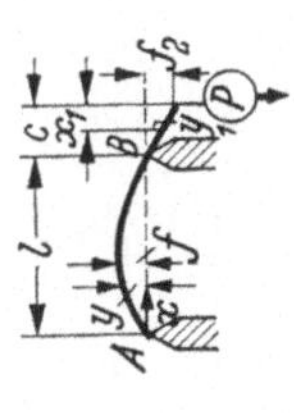	$A = -\frac{P\,c}{l}$; $B = \frac{P\,(l+c)}{l}$ Für $A\,B$; $M_x = A \cdot x = \frac{P\,c\,x}{l}$ $M_B = P\,c$	$P = \frac{\sigma_{b\,zul}\,W}{c}$ $W = \frac{P\,c}{\sigma_{b\,zul}}$	$y = \frac{P}{E\,J}\,\frac{l^2\,c}{6}\left(\frac{x}{l} - \frac{x^3}{l^3}\right)$ $y_1 = \frac{P}{E\,J}\,\frac{l\,c^2}{6}\left(\frac{2\,l + 3\,c}{l}\,\frac{x_1}{c} - \frac{x_1^3}{l\,c^2} - 2\,\frac{l+c}{l}\right)$	für $x = \frac{l}{\sqrt{3}} = 0{,}577\,l$ $f_{max} = \frac{P}{E\,J}\,\frac{l^2\,c}{9\sqrt{3}}$; $f_1 = \frac{P}{E\,J}\,\frac{(l+c)\,c^2}{3}$
(7) 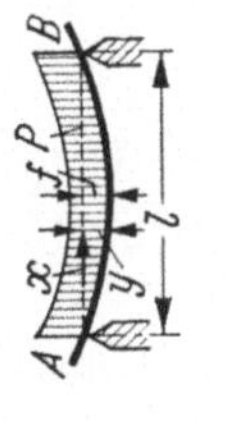	$A = B = \frac{P}{2}$ $M = \frac{P\,x}{2}\left(1 - \frac{x}{l}\right)$ $\max M = \frac{P\,l}{8}$	$P = \frac{8\,\sigma_{b\,zul}\,W}{l}$ $W = \frac{P\,l}{8\,\sigma_{b\,zul}}$	$y = \frac{P}{E\,J}\,\frac{l^3}{24}\left(\frac{x}{l} - 2\,\frac{x^3}{l^3} + \frac{x^4}{l^4}\right)$ $\tan\beta_{(x=0)} = \frac{P}{E\,J}\,\frac{l^2}{24} = 3{,}2\,\frac{f}{l}$	$f_{max} = \frac{P}{E\,J}\,\frac{5\,l^3}{384}$ $= \frac{5}{24}\,\frac{\sigma_{b\,zul}}{E}\,\frac{l^2}{h}$
(8) 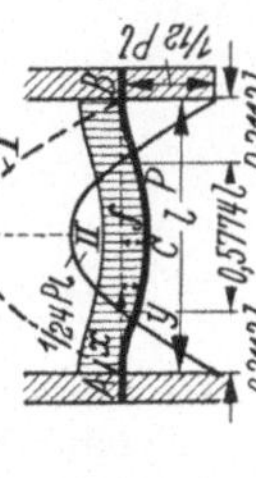	$A = P = \frac{P}{2}$ $M = -\frac{P\,l}{2}\left(\frac{1}{6} - \frac{x}{l} + \frac{x^2}{l^2}\right)$ $\max M = -\frac{1}{12} \cdot P\,l$ $M_C = 1/24 \cdot P\,l$	$P = 12\,\frac{\sigma_{b\,zul}\,W}{l}$ $W = \frac{P\,l}{12\,\sigma_{b\,zul}}$	$y = \frac{P}{E\,J}\,\frac{l^3}{24}\left(\frac{x^2}{l^2} - 2\,\frac{x^3}{l^3} + \frac{x^4}{l^4}\right)$	$f = \frac{P}{E\,J}\,\frac{l^3}{384}$ $= \frac{1}{16}\,\frac{\sigma_{b\,zul}}{E}\,\frac{l^2}{h}$

wobei W_D = Widerstandsmoment des Wellenquerschnittes gegen Verdrehung.

Für den vollen Kreisquerschnitt ist $W_D = \frac{\pi}{16} \cdot d^3$.

Für den Kreisringquerschnitt ist $W_D = \frac{\pi}{16}\left(\frac{d_a^4 - d_i^4}{d_a}\right)$. (6)

Andere Querschnitte kommen sehr selten vor, ihre Widerstandsmomente sind nach den Angaben in den Taschenbüchern (Hütte, Dubbel usw.) zu berechnen.

Die Formeln für den Kreis- und Kreisringquerschnitt geben einen Hinweis auf die Gewichtsersparnis, die mit hohlgebohrten Wellen zu erreichen ist.

Vergleicht man die im Verhältnis d_i/d_a gebohrte Welle mit der massiven Welle gleichen Durchmessers, wo ergeben sich folgende Vergleichszahlen:

$$\left.\begin{aligned}&\text{Verhältnis der Widerstandsmomente } \frac{W_h}{W_m} = 1 - \left(\frac{d_i}{d_a}\right)^4;\\ &\text{Verhältnis der Gewichte gleicher Längen } \frac{G_h}{G_m} = 1 - \left(\frac{d_i}{d_a}\right)^2.\end{aligned}\right\} \tag{7}$$

Ihr Verlauf ist in Diagramm Abb. 9 aufgetragen. Das Diagramm Abb. 10 zeigt hingegen den notwendigen Außendurchmesser der Hohlwelle gegenüber dem der Massivwelle (d_a/d_m) bei gleichem Widerstandsmoment und das Gewichtsverhältnis für diese Abmessungen. Die Zahlenwerte sind gegeben durch die Formeln:

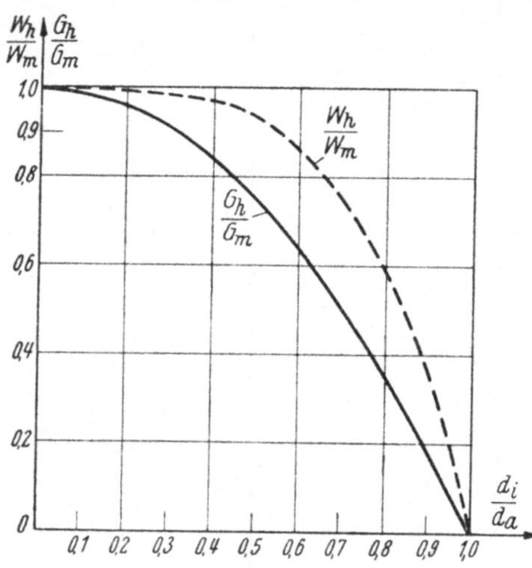

Abb. 9. Vergleich Hohlwelle zu Vollwelle bei gleichem d_a.

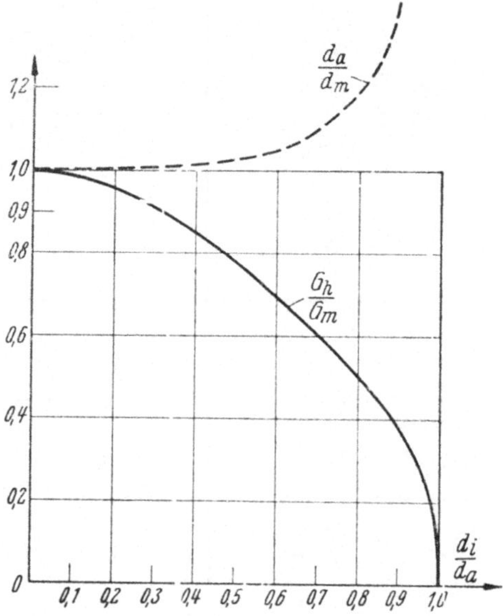

Abb. 10. Vergleich Hohlwelle zu Vollwelle bei gleichem W_D.

$$\left.\begin{aligned}&\frac{d_a}{d_m} = \frac{1}{\sqrt[3]{1 - \left(\frac{d_i}{d_a}\right)^4}};\\ &\frac{G_h}{G_m} = \frac{1 - \left(\frac{d_i}{d_a}\right)^2}{\left[1 - \left(\frac{d_i}{d_a}\right)^4\right]^{2/3}}.\end{aligned}\right\} \tag{8}$$

Das erste Diagramm läßt erkennen, daß man eine Welle unbedenklich mit 0,3 bis 0,4 des Außendurchmessers hohlbohren kann, wobei das Widerstandsmoment nur um 0,8 bis 2,6% abnimmt, das Gewicht aber um 9 bis 16%. Geht man indessen vom gleichen Widerstandsmoment aus, so zeigt das zweite Diagramm, wie wenig man die Welle verstärken muß, um das Hohlbohren auszugleichen. Eine Hohlwelle mit $\frac{d_i}{d_a} = 0{,}6-0{,}7$ bedarf nur einer Verstärkung um 4,1 bis 9,6% gegenüber der massiven Welle gleichen Widerstandsmomentes, das Gewicht sinkt aber auf 70 bis 61,2%.

Diesen rein theoretischen Erwägungen stehen einige wirtschaftliche gegenüber. Solange man die Hohlwelle durch Ausbohren herstellen muß, ist ihre Herstellung teuer, da man den ausfallenden Kern verspanen muß. Derartige Kosten müssen also durch die besonderen Vorteile für den Zweck der Maschine gerechtfertigt sein. Man muß auch wohl überlegen, wie weit man mit dem Ausbohren der Wellen gehen kann. Die Gewichtsersparnis an der Welle selbst wird nämlich z. T. wieder ausgeglichen durch die Ausdehnung, die die Konstruktion durch einen größeren Wellendurchmesser erfährt, z. B. durch größere Lager, stärkere Naben usw. Außerdem wird die feste Verbindung mit Kupplungsnaben usw. bei Hohlwellen immer schwieriger, je geringer die Wandstärke ist.

2. Biegebeanspruchungung

Die Untersuchung ergibt für jeden Querschnitt $s-s$ der Welle ein bestimmtes Biegemoment [kp cm]. Hinsichtlich der Wirkungsebene dieses Momentes relativ zur Welle sind zwei Fälle zu unterscheiden. Wenn die einwirkenden Kräfte im Raume feststehen, so wirken auch die Lagerdrücke stets in einer bestimmten Richtung. In der rotierenden Welle dreht sich dann die Wirkungsebene mit gleicher Drehzahl im entgegengesetzten Sinne, d. h. die Ebene der neutralen Faser und die der höchsten Beanspruchungen in der Randfaser laufen innerhalb der Welle um.

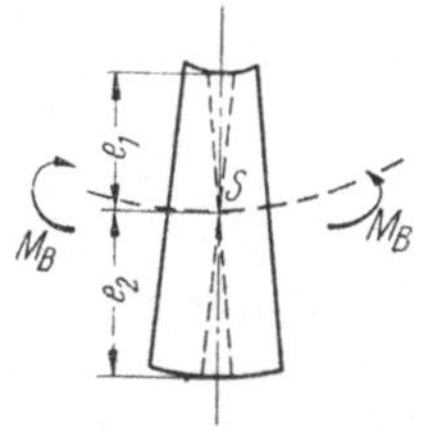

Abb. 11. Verformung und Spannung in gebogenen Balken.

Aus der Vorstellung, daß bei der Durchbiegung eines Balkens die Querschnitte eben bleiben, und aus dem HOOKEschen Gesetz

$$\text{spez. Dehnung} = \frac{\sigma}{E}$$

ergibt sich zwangsläufig der Verlauf der Biegungs-Spannung im Querschnitt (vgl. Abb. 11). Die Beanspruchung in der Mittelachse, die senkrecht zur Momentebene durch den Schwerpunkt der Querschnittsfläche läuft, ist Null (neutrale Achse bzw. Faser). Sie wächst von da proportional zum Abstand von dieser Achse bis zum Höchstwert in der Außenfaser:

$$\sigma_B = \frac{M_B}{I} \cdot e_1$$

bzw.

$$\sigma_B = \frac{M_B}{I} \cdot e_2 .$$

Dabei ist entsprechend der Richtung von M_B auf der einen Seite Zugspannung, auf der anderen Druckspannung. Bei allen symmetrischen Querschnitten mit $e_1 = e_2$ haben beide Spannungen gleiche Größe, I ist dabei das aequatoriale Trägheitsmoment der Querschnittsfläche (in cm^4) bezogen auf die Schwerpunktachse, die senkrecht zur Momentenebene liegt. Für symmetrische Querschnitte verwendet man allgemein den Begriff des Widerstandsmomentes

$$\left.\begin{aligned} W_B &= \frac{I}{e} \quad [cm^3], \\ \text{damit wird} \qquad & \\ \sigma_B &= \frac{M_B}{W_B}, \end{aligned}\right\} \tag{9}$$

womit gleichzeitig die Zug- und Druckspannung in der äußeren Faser gemeint ist.

Wenn nun die Momentenebene relativ zur Welle rotiert, durchläuft jeder Punkt der Welle bei einer Umdrehung über den Bereich der Spannung $+\sigma_B$, $0-\sigma_B-0$ usw. Wir haben es also in diesem Falle *mit einer reinen Wechselspannung* der Amplitude σ_B zu tun, eine Tatsache, die bei der Beurteilung der Beanspruchung und bei der Bemessung der Welle von größter Bedeutung ist. Wenn die angreifenden Kräfte mit der Welle rotieren (wie z. B. Zentrifugalkräfte), so bleibt die Beanspruchungsebene innerhalb der Welle unverändert. Dafür rotieren aber nun die Auflagekräfte in den Lagern. Diese umlaufende Belastung bedingt eine andere Ausbildung der Lager gegenüber der üblichen für ruhende Belastung. Sie spielt auch eine besondere Rolle bei der Auswahl und der Befestigung von Wälzlagern und bei der Ausbildung der Schmierung von Gleitlagern.

Wenn die beiden erwähnten Belastungsarten gemeinsam auftreten, so ergibt deren Kombination in den Wellenquerschnitten resultierende Beanspruchungen, die sich aus einer ruhenden Vorlast und einer überlagernden Wechselbeanspruchung zusammensetzen. Diese Aufteilung ist besonders wichtig für die Anwendung der Dauerfestigkeits-Schaubilder (Abschn. II. B). In den Lagern wechseln dann die Auflagedrucke nach Größe und Richtung etwa gemäß Abb. 12a—c.

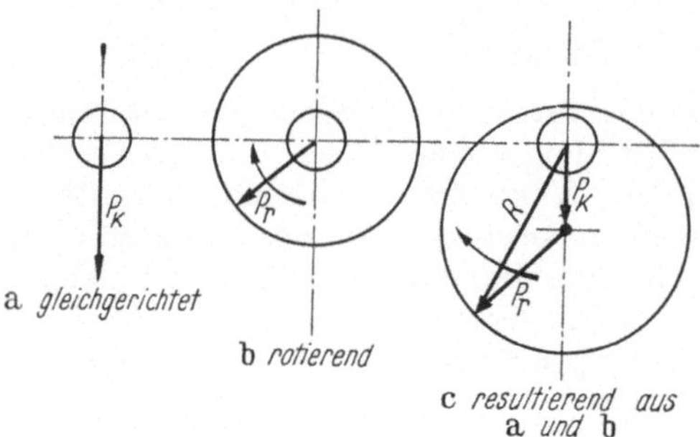

Abb. 12a—c. Größe und Richtung der Lagerkräfte.

Für meist vorkommende runde Wellenquerschnitte sind die Widerstandsmomente:

$$\left.\begin{aligned} \text{Volle Welle } W_B &= \frac{\pi}{32} d^3, \\ \text{Hohlwelle } W_B &= \frac{\pi}{32} \frac{d_a^4 - d_i^4}{d_a}. \end{aligned}\right\} \quad (10)$$

Tabellen für Trägheits- und Widerstandsmomente der Kreisquerschnitte befinden sich in den meisten Ingenieurtaschenbüchern, ebenso die Angaben für zahlreiche weitere gebräuchliche Querschnitte. Für andere Querschnitte muß man zunächst die Lage der Schwerpunktachse und dann das Trägheitsmoment um diese Achse bestimmen. Für jeden Querschnittsteil mit der Fläche F_n, dem Trägheitsmoment I_{sn} um dessen Schwerpunktachse und dem Abstand a_n dieser Achse von der Schwerpunktachse des Gesamtquerschnittes ergibt sich der Anteil

$$I_n = I_{sn} + a_n^2 \cdot F_n .$$

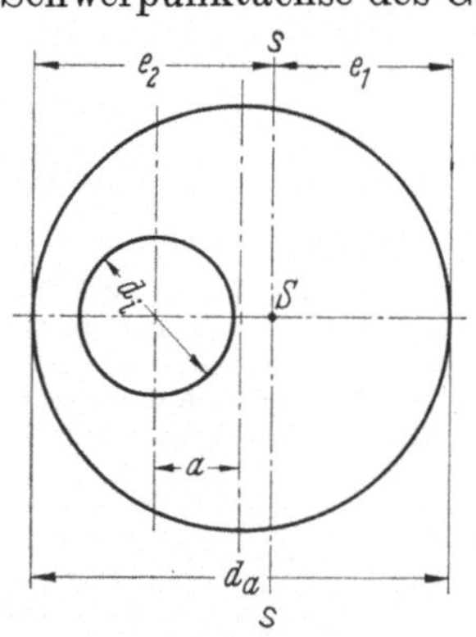

Abb. 13. Welle mit exzentrischer Bohrung.

Als Beispiel sei das Trägheitsmoment einer Welle mit exzentrisch *liegender Bohrung nach Abb. 13* berechnet:

$$e_1 \cdot \frac{\pi}{4} (d_a^2 - d_i^2) = \frac{d_a}{2} \cdot \frac{\pi}{4} d_a^2 - \left(\frac{d_a}{2} + a\right) \frac{\pi}{4} \cdot d_i^2 ,$$

$$e_1 = \frac{d_a}{2} \frac{(d_a^2 - d_i^2) - \dfrac{2a}{d_a} \cdot d_i^2}{(d_a^2 - d_i^2)} = \frac{d_a}{2} - \frac{a}{\left(\dfrac{d_a}{d_i}\right)^2 - 1}$$

bzw.

$$\frac{d_a}{2} - e_1 = \frac{a}{\left(\dfrac{d_a}{d_i}\right)^2 - 1} .$$

Das Trägheitsmoment bezogen auf die Achse $s-s$ ist:

$$I_s = \frac{\pi}{64} d_a^4 + \frac{16 a^2}{\left[\left(\dfrac{d_a}{d_i}\right)^2 - 1\right]^2} \cdot \frac{\pi}{4} d_a^2 - \frac{\pi}{64} d_i^4 - \frac{\pi}{4} d_i^2 \left[\frac{a}{\left(\dfrac{d_a}{d_i}\right)^2 - 1} + a\right]^2 ,$$

$$I_s = \frac{\pi}{64} \left[(d_a^4 - d_i^4) - \frac{16 a^2 \cdot d_a^2}{\left(\dfrac{d_a}{d_i}\right)^2 - 1}\right] .$$

Das Widerstandsmoment des Kreis- und Kreisringquerschnittes gegen Biegung ist halb so groß als das gegen Verdrehung. Daraus folgt, daß die Vergleichsdiagramme zwischen Voll- und Hohlwelle (Abb. 9 u. 10) und die anschließenden Betrachtungen in Abschn. I. B 1 auch für die der Biegungsbeanspruchung unterliegenden Welle gelten.

3. Längsbeanspruchung

Längskräfte erzeugen in der Welle eine über den Querschnitt gleichbleibende Zug- oder Druckbeanspruchung:

$$\sigma = \frac{P}{F}\,.$$

In den meisten Fällen ist diese Beanspruchung unbedeutend. Selbst bei den Propellerwellen von großen Schiffsanlagen geht sie nicht über einen Wert von 70 bis 100 kp/cm² hinaus. Eine Berechnung auf Knickung kommt wegen der aus praktischen Gründen erforderlichen sicheren Lagerung in kurzen Abständen nicht in Betracht.

4. Kombinierte Beanspruchungen

Das Zusammenwirken von Verdrehung und Biegung verursacht in jedem Wellenquerschnitt einen mehrachsigen Spannungszustand, für den zunächst festliegt, daß die höchste Beanspruchung in der Außenfaser der Welle liegt. Dieser mehrachsige Spannungszustand wird auf einen einachsigen zurückgeführt, dessen Wert *Vergleichsspannung* genannt wird. Die Vergleichsspannung σ_v wird der Festigkeitsrechnung zugrunde gelegt. Zunächst sind alle Normalspannungen aus Längskräften und Biegemomenten zur *resultierenden Spannung* σ_r zusammenzufassen:

$$\sigma_r = \frac{P}{F} + \frac{\sqrt{M_{Bx}^2 + M_{By}^2}}{W_B}\,, \tag{11}$$

ebenso die Schubspannungen aus Querkräften und Drehmomenten

$$\tau_v = \tau_s \pm \tau_t\,. \tag{12}$$

Meistens wird bei Wellenberechnungen τ_s und die Längsbeanspruchung P/F zu vernachlässigen sein.

Die Kombination von Normalspannung und Schubspannung führt zur Vergleichsspannung. Zur Berechnung der Vergleichsspannung sind im Laufe der Zeit verschiedene Ansätze entwickelt worden, die älteren sind:

a) Hauptspannungshypothese nach Rankine, die die maximale Hauptspannung als Kriterium für die Beanspruchung ansieht:

$$\sigma_v = \frac{1}{2}\,\sigma_v + \frac{1}{2}\sqrt{\sigma_r^2 + 4\,\tau_r^2}\,.$$

Kritik: Für $\sigma_v = 0$ (reiner Schub) ergibt sich $\sigma_v = \tau$, dies stimmt aber nicht für zähe Werkstoffe; ist nur für sprödes Material brauchbar (s. Abb. 14).

b) Hypothese der größten Dehnung (nach Bach, Grashof und Poncelet). Sie geht von der Annahme aus, daß maßgebend für die Anstrengung die max. Dehnung sei. Daraus ergibt sich der Ansatz:

$$\sigma_v = 0{,}35\,\sigma_r + 0{,}65\sqrt{\sigma_r^2 + 4\,\tau_r^2}\,.$$

Dies ergibt für $\sigma_r = 0$ den Wert $\sigma_v = 1{,}3\,\tau$, was für die meisten Stähle nicht der Wirklichkeit entspricht, für sie ist $\sigma_{zul} \sim 1{,}7-2{,}0\,\tau_{zul}$ (vgl. Abb. 14 und [*5*]).

Heute wird bevorzugt die Theorie der größten Gestaltänderungsarbeit nach Gl. (14) oder die Theorie der größten Schubspannung nach Mohr [Gl. (13)] benutzt. Es bleibt dem Konstrukteur überlassen, welche Methode er vorzieht.

Der Ansatz nach Mohr

$$\sigma_v = \sqrt{\sigma_r^2 + 4\,(\alpha \cdot \tau_r)^2} \text{ mit } \alpha = \frac{\sigma_{B\,zul}}{2 \cdot \tau_{zul}} \tag{13}$$

bietet eine verhältnismäßig große Sicherheit.

Der Ansatz nach der Hypothese der größten Gestaltänderungsarbeit

$$\sigma_v = \sqrt{\sigma_r^2 + 3\,(\alpha \cdot \tau_r)^2} \quad \text{mit} \quad \alpha = \frac{\sigma_{B\,\text{zul}}}{\sqrt{3} \cdot \tau_{\text{zul}}} \tag{14}$$

ist nach dem heutigen Stand der Kenntnisse die geeignetste Methode zur Berechnung der Vergleichsspannung. Für $\sigma_r = 0$ erhält man $\sigma_v = \sqrt{3} \cdot \tau$, was gut mit der Wirklichkeit übereinstimmt (s. Abb. 14).

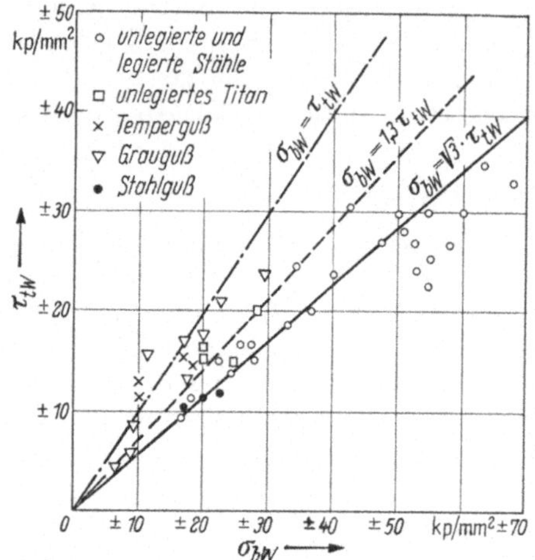

Abb. 14. Verhältnis von Biegewechsel- und Verdrehwechselfestigkeiten verschiedener Werkstoffe (nach M. Hempel [5]).

Bei gleichen Belastungsfällen nach Bach (s. S. 20) ist das Anstrengungsverhältnis $\alpha = 1$ zu setzen. Haben wir jedoch Beanspruchungen von verschiedenem Charakter, z. B. die eine wechselnd und die andere ruhend, so muß α berechnet werden (s. Beispiel S. 29).

Für den Fall, daß Biege- und Verdrehbeanspruchung beide wechselnd sind, liegen Forschungsergebnisse von Thum und Kirmser [6] und Puchner [7] vor. Die in dem Laboratorium der Skoda-Werke durchgeführten Versuche sind besonders aufschlußreich und für die Berechnung gut brauchbar.

Bei den Versuchen wurde das Verhältnis der Dreh- zur Biegebeanspruchung durch schräges Einspannen der Versuchsstücke in eine Schwingungsmaschine geändert. Untersucht wurden folgende Probestäbe (Abb. 15):

a) Glatt, geschliffen 14 ∅.
b) Abgesetzt von 28 auf 16 mm mit Abrundung = 1 mm.
c) Stab 16 ∅ mit einer nach beiden Seiten auslaufenden Keilnut.
d) Keilverbindung, Sitz des Flansches auf der Welle: Schiebesitz.

Dabei wurden Proben aus zwei unlegierten C-Stählen *A* und *B* untersucht mit folgenden Eigenschaften:

	C	Mn	Si	P	S	σ_s	σ_B	δ_{10}	φ
Werkstoff A	0,44	0,43	0,32	0,021	0,043	37,7	65,5	17,4	40,5
Werkstoff B	0,40	1,08	1,20	0,037	0,034	93,5	93,5	15,6	52,3

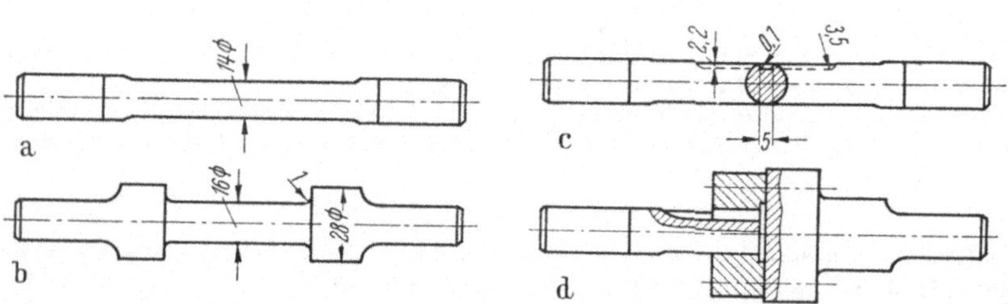

Abb. 15a—d. Proben der Versuche von O. Puchner [7].

Die Ergebnisse lassen sich gemäß Abb. 16a und b so darstellen, daß in einem Koordinatensystem mit Biegespannung als Abszisse und Drehspannung als Ordinate die Kurven der Dauerfestigkeit aufgetragen sind, woraus folgende Schlüsse zu ziehen sind:

1. Die Dauerfestigkeit für reine Drehung zu derjenigen für reine Biegung verhält sich bei beiden Werkstoffen etwa wie 0,62:1.

2. Solange die Drehbeanspruchung unter 15% der Biegebeanspruchung liegt, ist sie praktisch ohne Einfluß auf die Dauerfestigkeit.

3. Bei den glatten Stäben sind die Grenzkurven mit großer Annäherung Ellipsen; nach der Festigkeitstheorie bedeutet dies, daß als Maß der Anstrengung des Werkstoffes die *Formänderungsarbeit* des Elementes anzusehen ist.

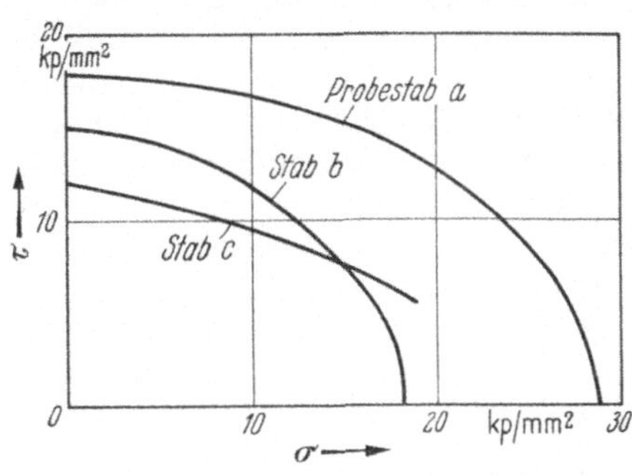

Abb. 16a. Grenzkurve für Werkstoff *A*.

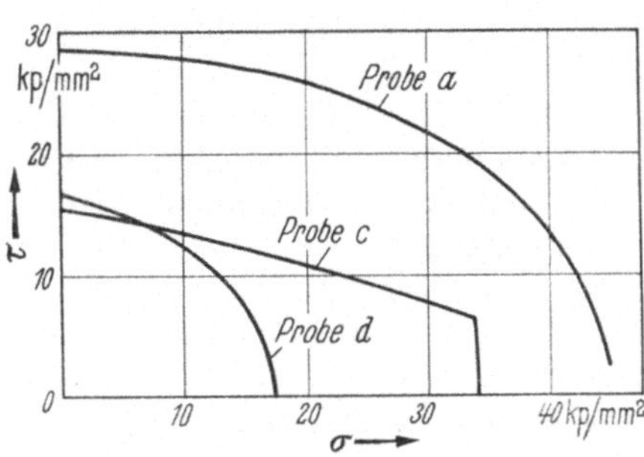

Abb. 16b. Grenzkurve für Werkstoff *B*.

5. Die Festigkeitsberechnung

Der Sinn der Festigkeitsrechnung ist, die berechneten Spannungen mit den zulässigen Spannungen zu vergleichen, um damit ein Urteil über die Sicherheit der Konstruktion zu erhalten, dargestellt durch den Sicherheitsfaktor „S“

$$\boxed{S = \frac{\text{zulässige Spannung}}{\text{wirkliche Spanung}}}\,. \tag{15}$$

Die Berechnung und Beurteilung der Sicherheit, die früher als so eine einfache Aufgabe erschien, haben sich in den letzten Jahren einesteils durch bittere Erfahrungen, anderenteils durch umfangreiche Forschungen zu einem weitgreifenden Problem entwickelt (s. [*4*, *5*, *8*]).

Grundsätzlich läßt sich die Frage nach der Sicherheit in folgende Einzelprobleme teilen:

1. Sind die am Bauteil angreifenden Kräfte richtig erfaßt worden?

2. Welche wirkliche Spannung stellt sich im Bauteil ein, wenn Formgebung und Materialeigenschaften berücksichtigt werden?

3. Welche Beanspruchungen sind für das gewählte Material zulässig, wenn alle besonderen Umstände seiner Verwendung, wie Wechselbelastung, Oberflächenzustand, Korrosion und Bauteilgröße berücksichtigt werden?

Als Leitfaden für die Berechnung und Beurteilung des Sicherheitsfaktors mögen folgende Angaben dienen:

Zu 1. Für die Ermittlung der wirklichen Spannungen ist Voraussetzung, daß die einwirkenden Kräfte sicher festgestellt sind. Auf die dabei auftretenden Schwierigkeiten wurde bereits im Abschn. I. A hingewiesen, z. B. bei statisch unbestimmten Systemen oder Stoß- und Schwingungsbeanspruchung. Heute stehen zahlreiche Meßverfahren, z. B. Einbau von Meßdosen, Meßstäben, Meßwellen oder hochempfindlichen Meßgeräten zur Verfügung, um die im praktischen Betrieb auftretenden Kräfte zu messen. Sie sind z. T. soweit entwickelt, daß man ein vollkommenes Bild der auftretenden Beanspruchungen nach Größe und zeitlichem Umfang gewinnen kann.

Solange man solche exakte Ergebnisse nicht zur Verfügung hat, oder aus der Erfahrung ohne genaue Festigkeitsrechnung die notwendigen Abmessungen festlegen muß, ist man gezwungen, der in der ungenauen Kenntnis der Kräfte liegenden Unsicherheit durch eine Vergrößerung von S begegnen. Damit wird wohl eine sichere Konstruktion erreicht, aber nicht die wirtschaftlichste und leichteste.

Zu 2. Nur bei den einfachsten Formen mit glatten, ungestörten Flächen ist die Berechnung des Spannungsverlaufs aus den elementaren Formeln der Festigkeitslehre möglich. Die unvermeidlichen Abweichungen von der glatten Form, wie Nuten, Absätze, Eindrehungen, Kerben, Gewinde, aber auch den Einfluß von Nabensitzen wie Preßsitz, Kerbverzahnung, Keilwelle verursachen eine Störung des Spannungsverlaufs mit Spitzen, die oft ein mehrfaches der normal errechneten Spannungen betragen. Die Einflüsse werden mit der Bezeichnung „*Kerbwirkung*" zusammengefaßt; sie sind meist Ursache der gefürchteten *Dauerbrüche* bei Wechselbeanspruchungen. In den letzten 30 Jahren hat sich die Forschung viel der Klärung dieser Zusammenhänge gewidmet, wobei einesteils die Spannungsspitzen an den verschiedenen Formelementen durch Meßgeräte oder durch Verfahren der Spannungsoptik gemessen oder die Dauerfestigkeit durch Versuche direkt bestimmt werden, andernteils durch verfeinerte Ansätze der Festigkeitslehre [*8*] errechnet werden.

Die Erkenntnisse führen zu folgenden Berechnungsverfahren für die Spannungen:

Als Grundlage dient die Nennspannung σ_n bzw. τ_n, die sich mit der normalen Festigkeitsberechnung für den ungestörten Querschnitt ergibt, d. h. für Zug (Druck) $\sigma_n = \pm \frac{P}{F}$, für Biegung $\sigma_n = \frac{M_B}{W_B}$ und für Verdrehung $\tau_n = \frac{M_D}{W_D}$.

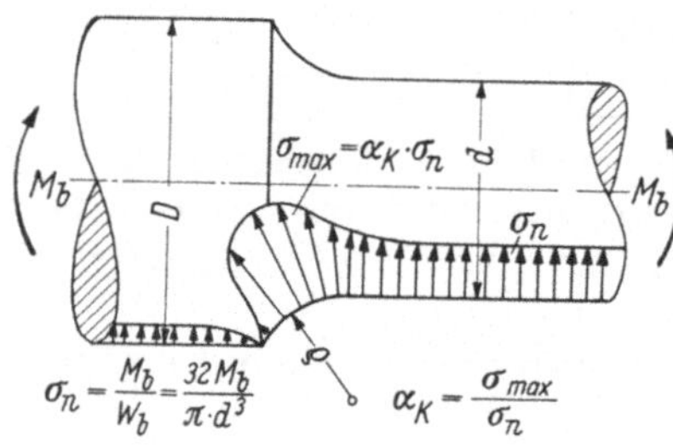

Abb. 17. Definition der Formziffer α_K.

Das Verhältnis der an der Störungsstelle tatsächlich auftretenden Höchstspannung $\sigma_{\max}$ zur Nennspannung wird Formziffer α_K genannt (s. Abb. 17):

$$\alpha_K = \frac{\sigma_{\max}}{\sigma_n} \quad \text{bzw.} \quad \alpha_K = \frac{\tau_{\max}}{\tau_n} .$$

Die Formzahl α_K ist dabei nur von der Form des Bauteils und der Beanspruchungsart bestimmt, nicht jedoch vom Werkstoff, solange er sich linear-elastisch verhält, also bei Stählen $\sigma_{\max}$ die Streckgrenze nicht überschreitet.

Man beachte, daß bei jeder Angabe einer Formzahl auch klar angegeben werden muß, nach welcher Formel oder Methode die entsprechende Nennspannung berechnet ist.

Die bei allen Kerbproblemen auftretende starke Spannungserhöhung hat eine Verminderung der Spannung in der Umgebung der hochbeanspruchten Zone zur Folge, und zwar klingen die Spannungen desto schneller ab, je höher die Spannungsspitze ist. Kerben in der Nähe einer Spannungsspitze können also diese Höchstspannung abschwächen, was konstruktiv durch Hinzufügen von „*Entlastungskerben*" verwirklicht wird (s. S. 50).

Die Formziffer wird durch rechnerische Untersuchungen, durch Messung mittels Feinmeßgeräte, durch spannungsoptische Versuche, oder durch vergleichende Bestimmungen der Dauerfestigkeiten des glatten und des entsprechend gekerbten Stabes bestimmt. Einige Werte von α_K für oft vorkommende Kerben bringen die Abb. 18 bis 21.

Auf Grund unserer Definitionen müßte für eine beliebig gekerbte Welle im Bruchfalle gelten:

$$\sigma_n \cdot \alpha_K > \sigma_{\text{zul}} \quad \text{bzw.} \quad S < 1 .$$

Es hat sich jedoch gezeigt, daß hier noch eine vom Werkstoff abhängige Korrektur notwendig ist, da spröde Werkstoffe gegen Kerben viel empfindlicher sind als zähe. Man hat sich bemüht, diesen dem Werkstoff eigenen Faktor mit in die Rechnung einzuführen, und zwar durch einen Faktor der Kerbempfindlichkeit η_K. Aus dem Zusammenwirken von α_K und η_K hat man einen neuen korrigierten

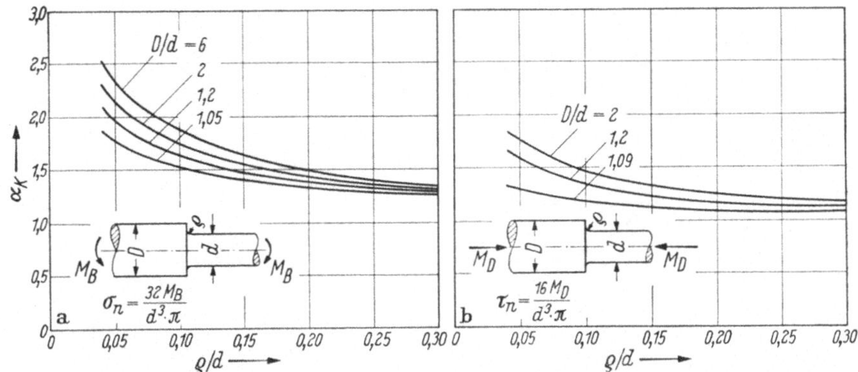

Abb. 18a u. b. α_K-Wert für biegebeanspruchte (a) und drehbeanspruchte (b) abgesetzte Wellen (nach M. Frocht u. L. Jakobson [1]).

Kerbfaktor β_K entwickelt, Kerbwirkungszahl genannt, der durch folgenden Zusammenhang definiert ist:

$$\beta_K - 1 = \eta_K \cdot (\alpha_K - 1)\,. \tag{16}$$

Es ist $1 \leqq \beta_K < \alpha_K$, weil die meisten Werkstoffe bei wechselnder Belastung einen Teil der Spannungsspitzen abbauen.

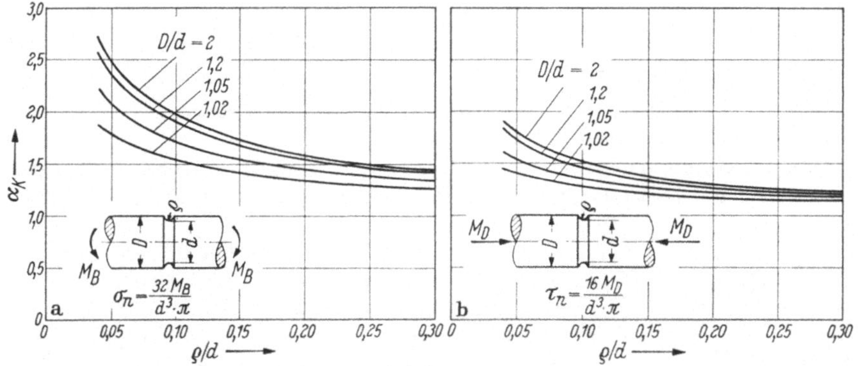

Abb. 19a u. b. α_K-Wert für biegebeanspruchte (a) und drehbeanspruchte (b) Vollwelle mit Halbkreisnut (nach H. Neuber [8]).

Somit errechnet sich bei dynamischer Belastung die Sicherheit zu

$$\boxed{S = \frac{\sigma_{zul}}{\beta_K \cdot \sigma_n} \quad \text{bzw.} \quad S = \frac{\tau_{zul}}{\beta_K \cdot \tau_n}}\,. \tag{17}$$

Es muß hier darauf hingewiesen werden, daß die vorhandenen Unterlagen über η_K mangelhaft sind, überhaupt ist es verständlich, daß mit der Einführung der so weitgehend verschiedenen Werkstoffeigenschaften die Theorie den Verhältnissen nicht mehr genau folgen kann.

[1] Frocht, M.: Factors of Stress Concentration, photoelastically determined. Trans. ASME 1935. — Jacobson, L.: Torsional Stress Concentration in Shafts of Circular Cross Section and variable Diameter. Trans. ASME 1925.

Nach Sors [*10*] ist η_K in erster Linie von der Zugfestigkeit des Stahles (d. h. etwa der Höhe der Vergütung und Brinellhärte) abhängig und außerdem von dem Kerbradius ϱ; s. Abb. 22.

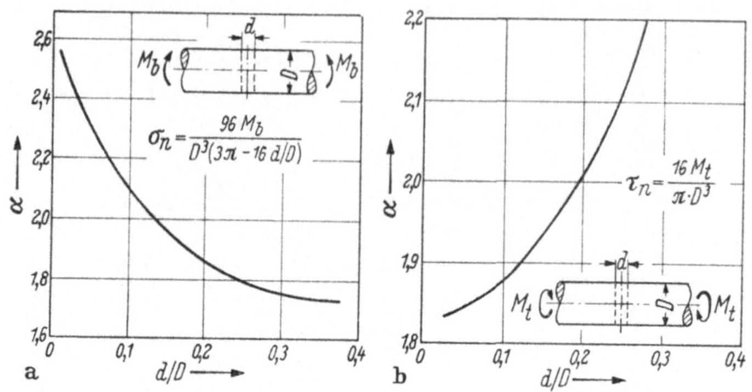

Abb. 20a u. b. Formziffer α_K einer Welle mit Querloch im Biegeversuch (a) und Verdrehversuch (b).

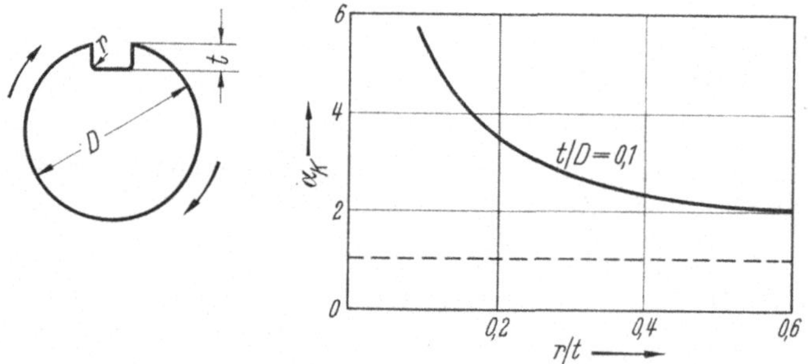

Abb. 21. α_K-Wert für Rundstab mit Keilnute (Drehbeanspruchung).

Sehr ausführliche Angaben über die Dauerfestigkeit und Kerbfaktoren für abgesetzte und genutete Wellen sind den Abhandlungen [*4, 5, 8—11*] zu entnehmen.

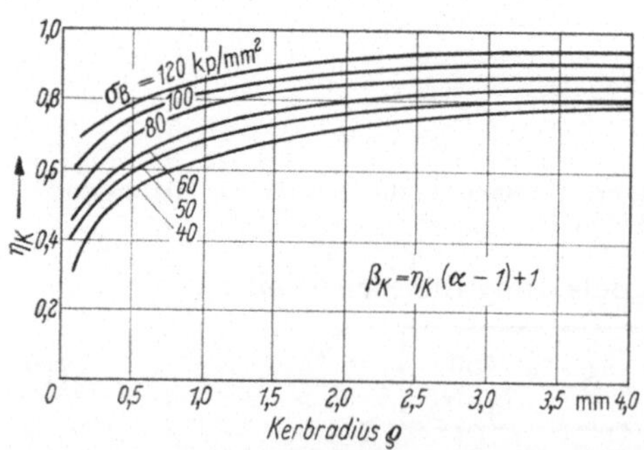

Abb. 22. Kerbempfindlichkeitsziffer η_K aus Zugfestigkeit unter Berücksichtigung des Halbmessers ϱ der Kerbe ($\beta_K = \eta_K(\alpha_K - 1) + 1$).

In vielen Fällen fehlen Angaben für α_K, weil die Spannungsspitzen gar nicht meßbar sind. Man muß sich dann auf den Dauerversuch an einem Versuchsstück der gleichen oder entsprechenden Ausführung stützen, wobei aber auch das gleiche Material zu verwenden ist. Man stellt nun fest, welche Nennspannung unter den gegebenen Bedingungen gerade noch ertragen werden kann, sie wird Dauerfestigkeit σ_{WK} genannt (auch Gestaltfestigkeit). Mit dieser Grundlage scheidet die Berechnung der höchsten Spannung überhaupt aus, der Sicherheitsfaktor ist dann gegeben durch

$$S = \frac{\sigma_{WK}}{\sigma_n} \quad \text{bzw} \quad \frac{\tau_{WK}}{\tau_n}. \tag{18}$$

Zu 3. Gehen wir nun wieder auf die ursprüngliche Definition des Sicherheitsfaktors zurück [Gl. (15)]

$$S = \frac{\text{zulässige Spannung}}{\text{wirkliche Spannung}}, \tag{19}$$

wobei σ_{zul} die zulässige Beanspruchung des Werkstücks ohne Minderung durch Kerben ist, deren Überschreiten zu einem Bruch führen würde.

Wir wissen, daß die Bruchfestigkeit eines Werkstoffes nicht allein durch den einfachen Festigkeitsversuch an glatten Stäben einfachster Form gekennzeichnet werden kann. Sie gilt nur für einmalige, langsam gesteigerte Belastung bei normaler Temperatur und für Objekte, die in ihren Abmessungen einigermaßen den Versuchsstäben entsprechen. Unter anderen Bedingungen gelten andere Festigkeitswerte, insbesondere treten bei wechselnder Belastung ganz andere Erscheinungen auf. Der beim einfachen Zugversuch betrachtete Bruch mit vorausgehender Verformung (bei zähen Werkstoffen) verwandelt sich in einen spröden Bruch ohne Verformung. Die Bruchfestigkeit hängt von der Amplitude und der Anzahl der Lastwechsel ab. Für reine Wechselbeanspruchung (d. h. Beanspruchungsschwankungen zwischen zwei entgegengesetzten gleichgroßen Werten) hat erstmals Wöhler den Verlauf der Bruchlast über der Lastwechselzahl ermittelt.

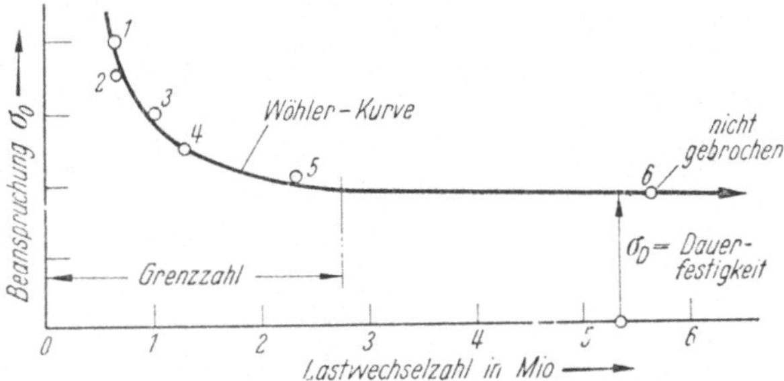

Abb. 23. Festigkeit in Abhängigkeit von der Lastwechselzahl (Wöhler-Kurve).

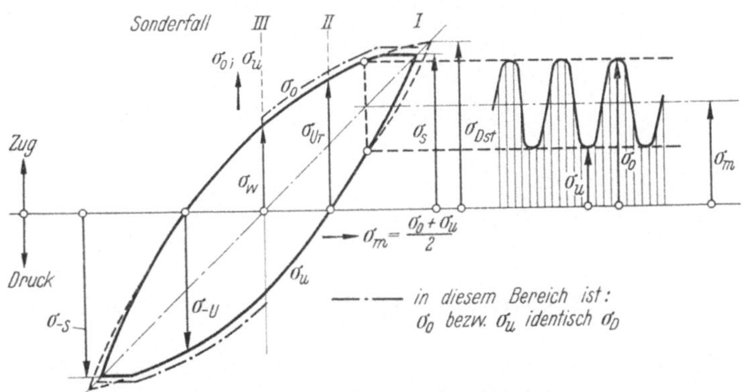

Abb. 24. Das Dauerfestigkeits-Schaubild.

Das Wöhler-Diagramm Abb. 23 zeigt, daß die Bruchfestigkeit sich in dem Bereich von 5 bis 100 Millionen Lastwechseln asymptotisch einem konstanten Wert nähert, der als Dauerfestigkeit bezeichnet wird. Über die Verhältnisse bei beliebig wechselnden Beanspruchungen sagt das Wöhler-Diagramm nichts aus.

Hierfür hat Lehr vor einiger Zeit das Dauerfestigkeitsschaubild eingeführt (Abb. 24). Es gilt für jede wechselnde Beanspruchung zwischen den Grenzwerten σ_o und σ_u. Trägt man über der mittleren Belastung $\frac{\sigma_o + \sigma_u}{2}$, die man auch als mittlere Vorbelastung σ_m auffassen kann, die obere und untere Grenzspannung auf, so ergibt sich eine geschlossene Kurve der Dauerfestigkeit des Werkstoffs. Die Werte für σ_m liegen auf einer Geraden mit 45° Neigung zur Achse, die Spannungsausschläge von dieser Geraden nach oben und unten entsprechen der Amplitude der ertragbaren Wechselspannung $= \frac{\sigma_o - \sigma_u}{2}$. Im Diagramm Abb. 24 sind die drei Belastungsfälle, die der klassischen Einteilung von BACH entsprechen, eingetragen.

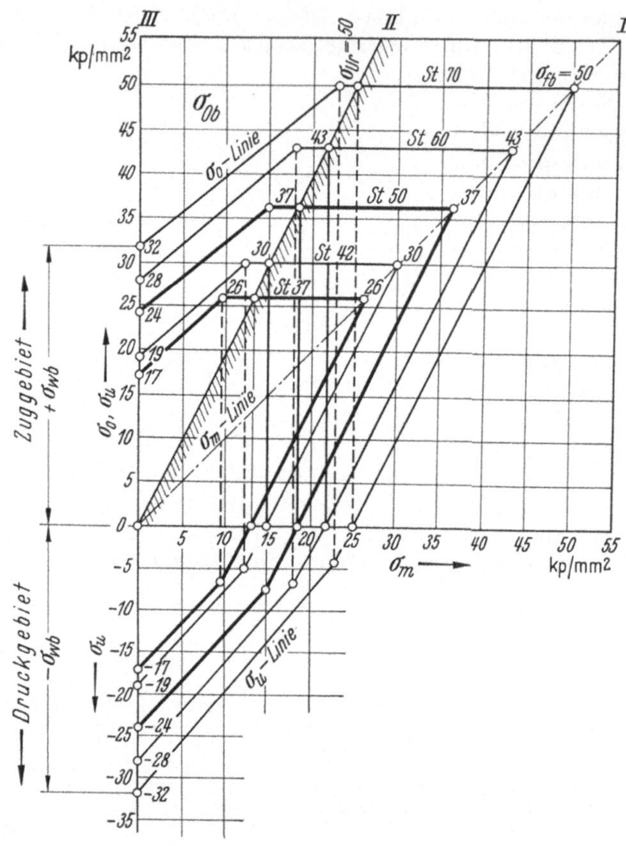

Abb. 25a. Dauerfestigkeits-Schaubild für Biegung (S.M.-Stähle).

Fall I. Ruhende Belastung. Die Grenzbelastung entspricht der Streckgrenze σ_s, oder der Kriechgrenze (Dauerstandfestigkeit ($\sigma_{D\,St}$) bei höheren Temperaturen. Dieser Wert spielt im Bau von Kesseln und von Dampf- und Gasturbinen eine besondere Rolle.

Fall II. Die Spannung wechselt zwischen Null und einem Größtwert. Hierfür gilt die Schwell- oder Ursprungsfestigkeit: σ_{Ur}.

Fall III. Die Spannung wechselt zwischen zwei entgegengesetzt gleichgroßen Grenzwerten ($\sigma_o = -\sigma_u$). Dies entspricht der Wechselfestigkeit: [*4*].

Diese Schaubilder müssen für die verschiedenen Beanspruchungsarten entwickelt werden, und zwar: für reine Zug-Druckbeansprung, die in der Praxis selten vorkommt, für Biegebeanspruchung und für Drehbeanspruchung. Für eine aus Biegung und Drehung zusammengesetzte Beanspruchung fehlt noch eine Darstellung. Selbstverständlich gelten sie nur für einen bestimmten Werkstoff. Eine Anzahl solcher Dauerfestigkeitsschaubilder für Werkstoffe, dessen Verwendung bei Wellen üblich ist, bringen die Abb. 25a und b.

Es sei nochmals darauf hingewiesen, daß die Festigkeitswerte aus dem Dauerfestigkeitsschaubild nur für glatte, völlig riefenfreie Wellen gelten, unter Bedingungen, die den Versuchsbedingungen genau entsprechen. Alle weiteren Einflüsse, wie Oberflächengüte und insbesondere ein chemischer Angriff auf die Oberfläche sind durch einen Minderungsfaktor b_1 zu berücksichtigen (Abb. 26 bis 30).

Durch sachgemäßes Rollen, Kugelstrahlen, Dengeln oder Hämmern ist ein Festigkeitszuwachs von 10 bis 20% gut zu erreichen, durch Härten oder Nitrieren sogar um 20 bis 30%. In diesem Fall kann $b_1 > 1$ werden (Abb. 28 u. 29).

Noch ein besonderes Wort zum Korrosionseinfluß:

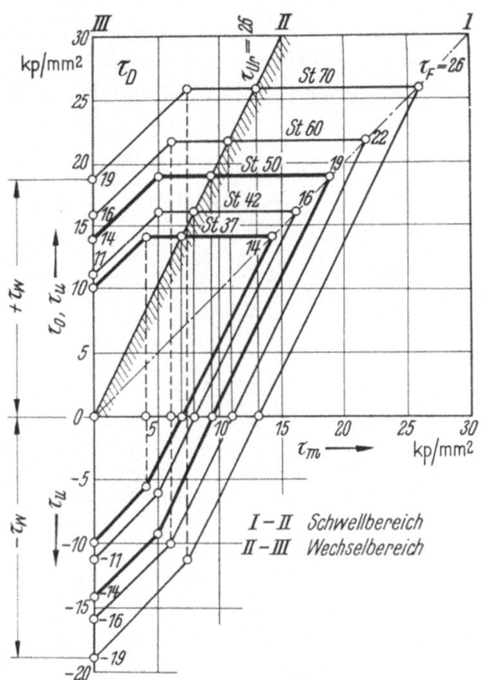

Abb. 25b. Dauerfestigkeits-Schaubild für Drehung (S.M.-Stähle).

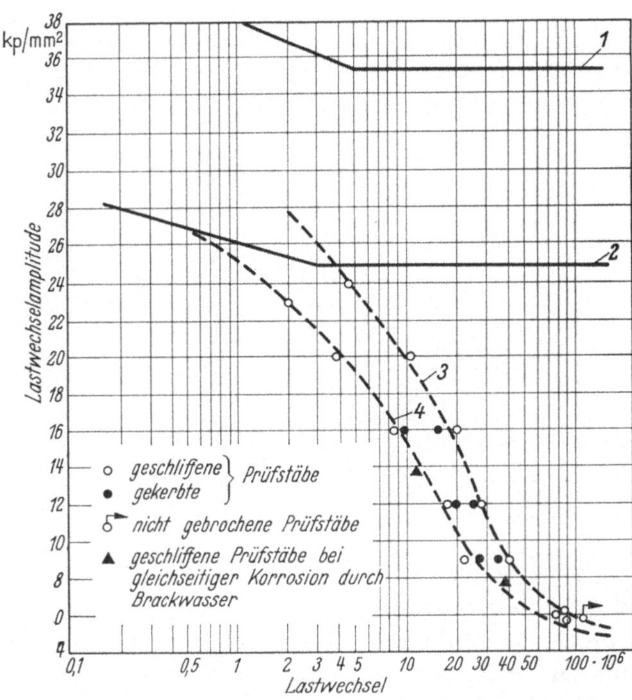

Abb. 26. Biegewechselfestigkeits-Kurve von C- und Cr–V-Stahl bei gleichzeitiger Korrosion durch Seewasser. *1* Cr–V-Stahl ohne Korrosion; *2* C-Stahl ohne Korrosion; *3* Cr–V-Stahl mit Korrosion; *4* C-Stahl mit Korrosion.

Eingehende Untersuchungen haben ergeben, daß unter der Einwirkung von chemisch aggressiven Flüssigkeiten der Charakter der Wöhler-Kurven sich vollständig ändert. Die Kurven liegen viel tiefer, die Dauerfestigkeit nimmt auch

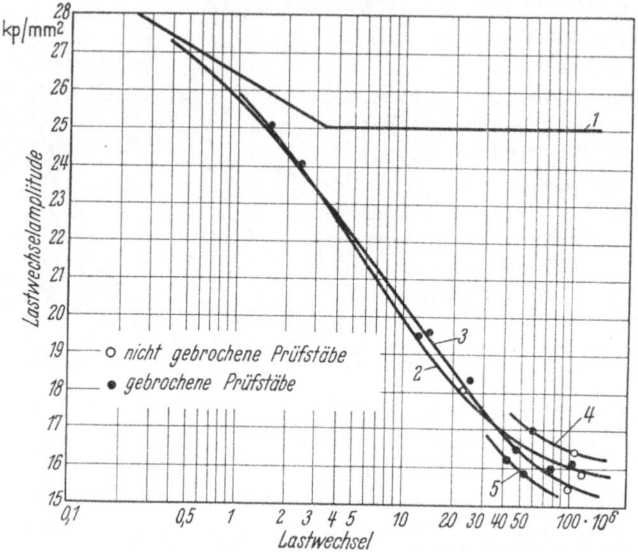

Abb. 27. Biegewechselfestigkeits-Kurve von C- und Cr–V-Stahl bei gleichzeitiger Korrosion durch hartes und weiches Süßwasser.
1 C–Stahl ohne Korrosion; *2* C-Stahl mit Korrosion (hartes Wasser); *3* C-Stahl mit Korrosion (weiches Wasser); *4* Cr–V-Stahl mit Korrosion (hartes Wasser); *5* Cr–V-Stahl mit Korrosion (weiches Wasser).

nach 10^8 Lastwechseln weiter ab und sinkt teilweise auf Werte von 2 bis 4 kp/mm². Schon ein Bespülen der Versuchsstücke mit Leitungswasser zeigt einen merkbaren Einfluß, viel schlimmer ist er bei Seewasser (vgl. Abb. 26 u. 27) [*13*].

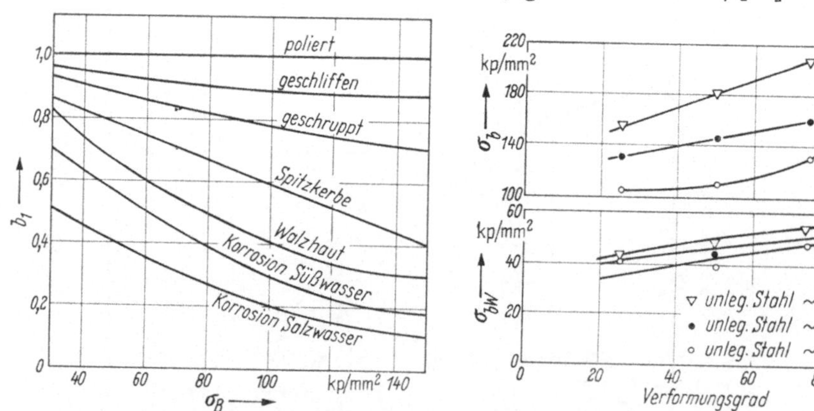

Abb. 28. Einfluß der Oberflächengüte auf die Dauerfestigkeit von Stählen (nach E. Lehr u. H. Ochs: Korrosion und Dauerfestigkeit, Berlin: VDI-Verlag 1937).

Abb. 29. Festigkeitssteigerung unlegierter Stähle durch Kaltverformung (nach M. Hempel [*5*]).

Zuletzt ist noch der Einfluß der Werkstück- bzw. Probengröße zu berücksichtigen. Die uns zur Verfügung stehenden Festigkeitswerte werden ja größtenteils an Proben von 10 bis 20 mm ∅ ermittelt. Die Erfahrung und die wenigen praktischen Versuche an größeren Objekten lassen klar erkennen, daß bei größeren

Teilen die bekannten Festigkeitswerte bei weitem nicht erreicht werden. Dieser Größeneinfluß und seine inneren Ursachen sind noch wenig erforscht, man muß ihn aber bei Bemessung des Sicherheitsfaktors durch den Faktor b_0 berücksichtigen (Abb. 30).

Zusammenfassung. Nach den vorhergehenden Ausführungen gilt für die Nachrechnung eines Bauteils auf Sicherheit folgender Weg:

1. $\sigma_{zul} = \sigma_W \cdot b_0 \cdot b_1$,
$\tau_{zul} = \tau_W \cdot b_0 \cdot b_1$,

wobei σ_W bzw. τ_W aus einem Schaubild (z. B. Abb. 25a u. b) für die betreffende Mittelspannung σ_m zu entnehmen ist.

2. Effektive Spannung:
$\sigma_e = \alpha_K \cdot \sigma_n$ bzw. $\tau_e = \alpha_K \cdot \tau_n$ für ruhende Belastung $\sigma_e = \beta_K \cdot \sigma_n$ bzw. $\tau_e = \beta_K \cdot \tau_n$ für wechselnde Belastung.

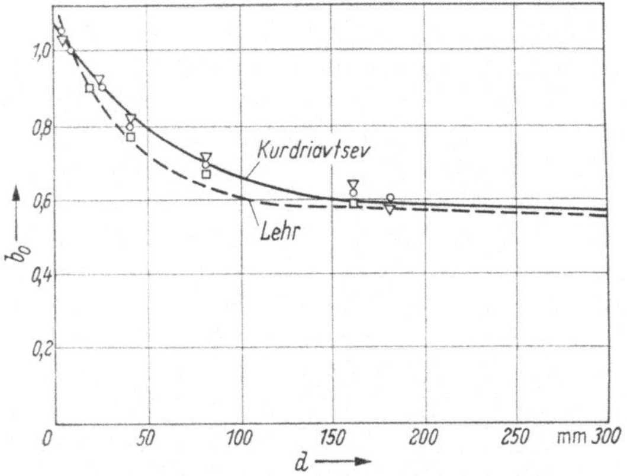

Abb. 30. Einfluß der Probengröße (Durchmesser) auf die Dauerfestigkeit von Stählen nach E. LEHR u. J. V. KUDRIAVTSEV (vgl. H. MAASS [11]).

Es ist dabei auch β_K einer etwaigen Nabe-Wellenverbindung zu berücksichtigen.

3. Bildung der Vergleichsspannung nach Abschn. I. B 4:

$$\sigma_v = \sqrt{\sigma_e^2 + 3(\alpha \cdot \tau_e)^2} \quad \text{mit} \quad \alpha = \frac{\sigma_{zul}}{\sqrt{3} \cdot \tau_{zul}}.$$

Die Sicherheit S berechnet sich dann zu: $S = \frac{\sigma_{zul}}{\sigma_v}$.

Zum Schluß dieser Ausführung noch einige Bemerkungen über die Wahl des Sicherheitsfaktors S. Die neue Berechnungsart kann den Konstrukteur ebensowenig von dieser schwierigen Entscheidung befreien wie ehedem, es sei denn, daß man zu einem einfachen Grundrezept ohne Berücksichtigung der besonderen Verhältnisse greift. Der Vorteil der Berechnungsart liegt darin, daß sie den wahren Verhältnissen viel mehr entspricht und daher viel sicherer geht als die frühere. Sie scheidet weitgehend die Unsicherheiten aus, die in der Art und der besonderen Form des Werkstoffes liegen. Wie groß man nun den Abstand von der Bruchgefahr wählt, wird entschieden nach den gewünschten Betriebssicherheit und dem ertragbaren Risiko, nach der Zuverlässigkeit in der Bestimmung der einwirkenden Kräfte und der Bearbeitung und Montage. Bei einwandfreien Unterlagen kann man den Abstand zwischen $\sigma_n \cdot \beta_K$ gegenüber σ_w viel kleiner wählen, als er bisher zwischen Nennspannung und Bruchfestigkeit angenommen wurde. Für normale Verhältnisse erscheint ein Sicherheitsfaktor $S = 1{,}6$ bis $2{,}0$ vollständig ausreichend, im Kraftwagen- und Flugmotorenbau geht man auf Werte zwischen 1,5 und 1,0. In Zweifelsfällen und solange die Erfahrungen fehlen, kann man immer auf die bekannten BACHschen Tabellen der zulässigen Beanspruchungen zurückgreifen und sie entsprechend den vorliegenden Grundlagen variieren.

C. Die Auswahl des Materials

Schon auf S. 2 wurde besonders auf den Grundsatz hingewiesen, an den Werkstoff nicht höhere Anforderungen zu stellen, als es für den vorliegenden Zweck notwendig ist. Wenn auch der Beschaffungspreis in manchen Fällen gegenüber den

Fertigungslöhnen gering ist, so ist doch zu bedenken, daß jede Beschaffung eines nicht vorrätigen Materials einen umfangreichen Apparat in Bewegung setzt, der Geld und Zeit verbraucht, und daß Werkstoffe höherer Festigkeit mehr Bearbeitungszeit und höheren Werkzeugverschleiß bedingen.

Bevor man zu einem Sonderwerkstoff übergeht, insbesondere auch bei einer durch einen vorgekommenen Bruch geplanten Änderung, sollte man stets zuerst die Konstruktion überprüfen. In vielen Fällen kann man mit der Beseitigung oder Milderung einer Kerbstelle und mit einer Formänderung, die den Kräftefluß günstiger gestaltet, mehr Sicherheit gewinnen, als durch den Einsatz eines höherwertigen Werkstoffes. Die entsprechenden Hinweise ergeben sich aus den Diagrammen der Formziffer (Abb. 15—22) und aus der oft übersehenen Tatsache, daß hochvergütete Sonderwerkstoffe eine größere Kerbempfindlichkeit aufweisen, als gut normalisierte Normstähle.

Es ist außerdem zu bedenken, daß Brüche sehr oft auf Kräfte zurückzuführen sind, die mit dem System der betreffenden Maschine in keinem Zusammenhang stehen, z. B. von außen aufgedrückte Verformungen, Fehler in der Ausrichtung usw. (vgl. Kap. VIII). Auch dann ist eine Erhöhung der Werkstoff-Festigkeit ziemlich zwecklos. Sofern man die äußeren Einflüsse nicht beseitigen kann, muß man die gefährdete Stelle so umformen, daß sie den aufgezwungenen Verformungen ohne unzulässige Beanspruchungen folgen kann.

Für gering beanspruchte gerade Wellen, z. B. Transmissionswellen u. dgl., kommt ein gewalzter S.M.-Stahl der Qualität St 50 in Betracht, bei dem nur folgende Werte vorgeschrieben sind:

Festigkeit 50—60 kp/mm², $\delta_5 = 22\%$, $\delta_{10} = 18\%$, C-Gehalt ca. 0,35%.

Für höhere Ansprüche und solche Wellen, die besonders vorgeschmiedet werden, wird man zu einem reineren Material der Qualität C 35 greifen, mit folgenden Qualitätsvorschriften:

Festigkeit 50—60 kp/mm², Streckgrenze mindestens 28 kp/mm², Dehnung $\delta_5 = 23\%$, Kontraktion mindestens 50%, Kerbzähigkeit mindestens 6 kpm/cm² (DVM).

Analyse: C = 0,32—0,40%, Mn = 0,4—0,6%, Si = 0,3—0,5%, $S + P < 0{,}09\%$.

Durch sorgfältige Legierung und Wärmebehandlung lassen sich aus einem S.M.-Stahl noch bessere Eigenschaften herausholen. Bei hochbeanspruchten Wellen, z. B. Kurbelwellen von größeren Kolbenmaschinen sind daher folgende Qualitätsvorschriften zu empfehlen (etwa Ck 35):

Festigkeit 52—60 kp/mm², Streckgrenze mindestens 30 kp/mm², Dehnung $\delta_5 = 23$, Kontraktion = 55%, Kerbschlagzähigkeit mindestens 7 kpm/cm² (DVM-Probe).

Analyse: C = 0,3%, Mn = 0,7—1,0%, Si = 0,3—0,5%, $S+P < 0{,}07\%$.

Als zwingende Gründe, von den genannten S.M.-Stählen zu höherwertigen Sonderstählen überzugehen, sind in der Hauptsache folgende zu nennen:

1. Der Zweck der Konstruktion erfordert äußerste Beschränkung in bezug auf Gewicht und Raum, wie es besonders im Fahrzeugbau und in der Luftfahrt vorliegt.

2. Die Abmessungen der Welle haben einen so maßgebenden Einfluß auf die Gesamtkonstruktion, daß die Verwendung eines höherwertigen Werkstoffes zwecks Verminderung der Abmessungen trotz des höheren Werkstoffpreises wirtschaftlich erscheint.

3. Es liegt eine Stoß- und Schlagbeanspruchung vor, gegen die ein legierter Stahl mit hoher Zähigkeit besonders widerstandsfähig ist.

4. Es wird eine größere Oberflächenhärte verlangt, als sie mit den normalen S.M.-Stählen mit guter Zähigkeit zu erreichen ist. Dann kommen unlegierte und legierte Einsatzstähle (s. Tab. 2) in Betracht, die aber wegen der Eigenarten des Einsatzverfahrens oft nicht verwendbar sind. Für Ritzelwellen von hochbeanspruchten Zahnradgetrieben stehen z. B. S.M.-Sonderstähle mit hohem Mn- und Si-Gehalt zur Verfügung (s. Tab. 3). Bei besonders hohen Ansprüchen geht man auf hart vergütete Chrom-Mo-Stähle über. Für Wellen mit harten Lagerlaufflächen nimmt man Sonderstähle, die sich auf höhere Oberflächenhärte vergüten lassen und trotzdem sehr hohe Zähigkeit im Kern behalten. Sie müssen für das besondere Oberflächenhärte-Verfahren geeignet sein (z. B. für Brennhärten, Doppelduro-Verfahren, oder für Nitrierverfahren).

5. Wenn die Wellen einem korrodierendem Einfluß unterliegen, wie z. B. bei Pumpen für Seewasser, Säuren oder Laugen, Milch oder dgl., wird man zunächst anstreben, die Wellen mit einem beständigen Überzug zu versehen, sei es durch galvanische Überzüge wie Verchromen, Vernickeln, durch Inkromieren [*12*] oder durch Aufziehen von Büchsen aus rostsicherem Material, wie beständige Bronzen oder V2A-Stahl.

Da aber solche Überzüge oft unzuverlässig sind oder undichte Stellen haben, ist eine massive Welle aus entsprechendem Material vorzuziehen, sofern es wirtschaftlich tragbar ist. Die Auswahl des Werkstoffes muß sich dann ganz nach der angreifenden Flüssigkeit richten; entsprechende Ratschläge erhält man von den Lieferfirmen von Spezialbronzen und rostsicheren Stählen.

Es kommen in Betracht:

Für geringe Ansprüche: Hochprozentiger Chromstahl X20Cr13, früher V5M, mit Festigkeit 65—80 kp/mm², Streckgrenze 45 kp/mm², $\delta_{10} = 18\%$, $C = 0{,}2\%$, Cr ca. 13%.

Gegen Seewasser: Sonder-Messing nach DIN 17661. Festigkeit je nach Behandlung 60—90 kp/mm², Dehnung $\delta_{10} = 15-5\%$, Brinellhärte 140—220. Analyse: Cu = 54—62%, Al bis 2,5%, Sn bis 1,0%, Ni bis 2,5%, Mn bis 3,0%, Fe 0,5—1,5%, Rest Zn.

Vielseitig verwendbar ist der bekannte rostbeständige V2A-Stahl mit 18% Cr, 8% Ni und einer Festigkeit von 70 bis 80 kp/mm², Dehnung $\delta_{10} = 35\%$.

6. Wenn die Wellen bei hoher Beanspruchung auch dauernd einer hohen Temperatur (über 300°) ausgesetzt sind, z. B. Wellen von Hochdruck-Dampfturbinen oder von Gasturbinen, so ist ein legierter Werkstoff mit entsprechend hoher Dauerstandfestigkeit in dem betreffendem Temperaturbereich zu wählen. Vorschläge zu solchen meist mit Mo, Va und W, teilweise mit Ti und Nb legierten Stählen sind von geeigneten Stahlfirmen anzufordern.

7. Schließlich kommt noch in Betracht, daß man für einen elastischen Antrieb eine Welle benötigt, die besonders dreh- und auch biege-elastisch ist. Sie muß dann möglichst lang oder dünn sein. Mit einer Verminderung des Durchmessers wächst die Elastizität in der 4ten Potenz, es nimmt aber auch in der dritten Potenz die Beanspruchung durch das übertragene Drehmoment zu. Hier ist die Verwendung eines Spezialwerkstoffes mit hoher Streckgrenze und Dauerfestigkeit unerläßlich, aber auch eine Ausführung, die mit peinlichster Sorgfalt jede Kerbwirkung vermeidet. (Ganz flache Übergänge, keine Gewinde, Bohrungen oder Keilnuten, Welle sauber geschliffen und poliert, sicherer Schutz vor Korrosion!)

Man sollte bei der Auswahl von Sonderwerkstoffen stets anstreben, solche zu verwenden, deren Eigenschaften und Behandlung man bereits aus der Erfahrung kennt, es sei denn, daß man ein ausgezeichnetes Laboratorium zur Nachprüfung zur Verfügung hat. Verläßt man sich auf die umfangreichen Erfahrungen der großen Stahlwerke, so versäume man nicht, ausführliche Angaben und Behand-

Tabelle 2. *Festigkeitswerte von Eisenwerkstoffen*
Werte für die Kerbempfindlichkeit η_K sind aus Abb. 22 zu entnehmen, wobei die Zugfestigkeit maßgebend ist.

Werkstoff	Streckgrenze kp/mm²	Zugfestigkeit kp/mm²	Biegewechselfestigkeit kp/mm²	Drehwechselfestigkeit kp/mm	Preisverhältnis[1]
a) Unlegierte Normalstähle nach DIN 17100					
Stahl St42	22–24	37–45	±19–21	±11–12	1,00
Stahl St50	28–30	50–60	±24	±14–15	1,02
Stahl St60	32–34	60–72	±28–30	±18–19	1,02
Stahl St70	35–37	70–85	±32–35	±20–21	1,04
b) Einsatzstähle[2] nach DIN 17210					
CK15	30	50–65	±27	±17	1,40
15Cr3	40	60–85	±32	±20	1,50
16MnCr5	60	80–110	±44	±28	1,75
15CrNi6	65	90–120	±50	±32	2,10
c) Legierte Stähle nach DIN 17200					
25CrMo4 (fr. VM 125)	42–60	65–80	±32	±17	1,84
42CrMo4 (fr. VM 140)	55–70	75–90	±45–52	±30	2,10
d) Nitrierstähle					
32AlCrMo4 (bis 80∅)	60	80–100			2,58
33CrMoNi7 (über 80∅)					2,72
e) Nichtrostende Stähle					
X20Cr13 (fr. V5M)	45	65–80			4,40
X90CrMoV18 (härtbar)		75–90		früher V3M extra	6,80
X12CrNi18/8 = V2A norm.	22	50–70 50% Dehng.	±30		7,90
X10CrNiTi18/9 = V2A extra	25	50–75 40% Dehng.	±30		8,20
f) Stahlguß nach DIN 1681					
GS45.1	22	45	±18	±10	7,00[3]
GS52.1	25	52	±21	±12	
g) Gußeisen nach DIN 1691					
GG25		21– 25[4]	±13	± 9	3,15
h) Gußeisen mit Kugelgraphit nach DIN 1693				U	
GGG-42	28–32	42– 50[5] 12–22% Dehng.	ca. 30–38	25–29	5,25
GGG-50	35–50	50– 62 7–10% Dehng.	ca. 35–48	30–37	

[1] Diese Zahlen sind nur als Anhaltspunkte anzusehen, der Kilopreis von St42 ist = 1,0 gesetzt. Die Preise sind natürlich noch etwas von Größe und Menge der Bestellung und den verlangten Abnahmebedingungen abhängig.

[2] Alle Werte gelten für den Kern des gehärteten Werkstoffs!

[3] Die Kilopreise sind weitgehend vom Stückgewicht und Form- u. relativem Modellaufwand abhängig, sofern diese ungefähr entsprechen, sind die Preise der Gußwerkstoffe *untereinander vergleichbar*, nicht aber mit Schmiede- und Walzmaterial.

[4] Biegefestigkeit steigt bis auf doppelte Zugfestigkeit, nicht kerbempfindlich! $E = 11$ bis 12000 kp/mm².

[5] Biegefestigkeit steigt bis auf doppelte Zugfestigkeit, wenig kerbempfindlich! $E = 17000$ kp/mm²; s. auch H. MÜHLBERGER [*14*].

lungsvorschriften anzufordern. Als Konstrukteur sollte man gegenüber den verlockenden Angaben über besonders hohe Festigkeitswerte lieber skeptisch sein, weil diese nicht eine entsprechende Erhöhung der Sicherheit bringen. Hochvergütete Stähle zeigen eine höhere Kerbempfindlichkeit, mit gewissen Vergütungsspannungen im Werkstoff muß gerechnet werden.

Je größer ein Schmiedestück ist, desto schwieriger ist es, hohe Qualitätswerte gleichmäßig zu erhalten. Die Stahlwerke müssen also bei hohen Anforderungen an große Stücke einen erheblichen Risikozuschlag einkalkulieren. Es bedarf daher bei Großstücken einer besonders sorgfältigen Prüfung bei der Festlegung des Werkstoffes, wozu man möglichst die Lieferwerke heranziehen sollte.

Als Anhaltspunkt für die Werkstoffauswahl dienen die Tab. 2 und 3. Die angegebenen Festigkeitswerte sind nach DIN-Normen gewährleistete Mindestwerte. Bei besonderen Vereinbarungen können mit scharf kontrollierter Herstellung etwas bessere Werte erreicht werden.

Die Dauerfestigkeiten sind natürlich auch von den Grundwerten (Streckgrenze und Bruchfestigkeit) abhängig. Mit guter Annäherung kann man für die meisten Stähle annehmen:

$$\left.\begin{aligned} \sigma_{BW} &= 0{,}45\,\sigma_B\,, \\ \tau_W &= 0{,}26\,\sigma_B\,. \end{aligned}\right\} \tag{20}$$

In der letzten Spalte der Tab. 2 sind zur ungefähren Unterrichtung Verhältniszahlen der Werkstoffpreise angegeben, wobei der Preis für St42 = 1,0 eingesetzt

Tabelle 3. *Gängige legierte Stähle*

Werkstoff Bez. n. DIN 17200	Vergütungs-durchmesser mm	Streckgr. kp/mm²	Bruch-festigkeit kp/mm²	Dehnung δ_5 %	Kontrakt. %	Kerb-zähigkeit mkp/cm²	Dauerfestigkeit[1] Biegung kp/mm²	Dauerfestigkeit[1] Drehung kp/mm²
30Mn5	100—250	42	65—80	16	55	5		
20CrMo5V	b. 70[2a]	60	75—90	16	50	12		
15CrNi6[3]	b. 30[2b]	65	90—120	9	40	7	~50	~32
25CrMo4	100—250	42	65—80	16	65	8	~32	~17
34CrMo4	100—250	45	70—85	15	60	6	~38	~22
42CrMo4	100—250	55	75—90	14	55	5	45—52	~30
41Cr4[4]	40—100	55	80—95	14	50	5		

(Streckgr. bis Kerbzähigkeit: Mindestwerte)

Tabelle 3 (Fortsetzung)

Werkstoff Bez. n. DIN 17200	mittlere Analyse (in Gew.-%) C	Mn	Si	Cr	Ni	Mo
30Mn5	0,27—0,34	1,2—1,5	0,15—0,35			
20CrMo5V	0,18—0,23	0,9—1,2	≦0,35	1,1—1,4		0,20—0,30
15CrNi6[3]	0,12—0,17	0,4—0,6	0,15—0,35	1,4—1,7	1,4—1,7	
25CrMo4	0,22—0,29	0,5—0,8	0,15—0,35	0,9—1,2		0,15—0,25
34CrMo4	0,30—0,37	0,5—0,8	0,15—0,35	0,9—1,2		0,15—0,25
42CrMo4	0,38—0,45	0,5—0,8	0,15—0,35	0,9—1,2		0,15—0,25
41Cr4[4]	0,38—0,44	0,5—0,8	0,15—0,35	0,9—1,2		0,15—0,25

[1] Diese variieren natürlich etwas mit den tatsächlichen Fertigkeitswerten.

[2a] Bei größeren Stärken ist 25CrMo4 zu verwenden. [2b] Bei größeren Stärken besser 16MnCr5, s. Tab. 2.

[3] Hochwertiger Einsatzstahl, Oberflächenhärte 59—65 Rc erreichbar, Fertigkeitswerte gelten für Kern.

[4] Kann bis zu hoher Festigkeit und Brinellhärte vergütet werden, ist aber dann sehr kerbempfindlich. Besonders geeignet für Flammen- bzw. Induktionshärtung.

ist. Zu bedenken ist aber, daß die Kosten für Beschaffung und Lagerung, insbesondere bei kleineren Mengen, eine entscheidende Rolle spielen können. Ein vorrätiger Normstahl ist dann auf jeden Fall viel billiger als ein besonders beschaffter Sonderstahl. Schließlich kommt noch der zusätzliche Aufwand für besondere Kontrollen und schwierigere Bearbeitung zur Wirkung, bei Einsatzstählen der erheblichen Aufwand für Einsetzen und Härten.

In Tab. 3 sind wichtige Werte für einige gängige legierte Stähle angeführt. Auch hier können unter Umständen bessere Werte, insbesondere für Dehnung und Kerbzähigkeit erreicht werden. Man beachte, daß die erreichbaren Festigkeitswerte, d. h. die erfolgreiche und sichere Vergütung sehr vom Querschnitt bzw. Durchmesser des Werkstückes abhängen. Manche sehr gute Werkstoffe lassen sich in größeren Durchmessern nicht sicher vergüten und müssen dann durch andere ersetzt werden (s. Spalte ,,Vergütungsdurchmesser“).

Beispiele zu den Abschnitten B und C

Beispiel 1. Welche Dauerfestigkeit ist für eine Welle von 100 mm ∅ mit einem Absatz auf 80 mm ∅ mit Übergangsradius $\varrho = 8$ mm zu erwarten, a) für Biegebeanspruchung, b) für Drehbeanspruchung?

Folgende Stähle werden betrachtet:

Stahl	σ_s	σ_B	σ_{bw}	τ_w	
St50	28	50–60	∼24	∼15	kp/mm²
25CrMo4(VCMo125) (verg.)	55	80–90	∼32	∼17	kp/mm²
16MnCr5(EC80) im Kern nach Härtung	60	80–110	∼44	∼28	kp/mm²

Aus Abb. 30 folgt: $b_0 = 0{,}7$.
Aus Abb. 28 folgt: b_1 im Mittel $= 0{,}9$ (sauberste Bearbeitung).
Aus Abb. 18a und b wird entnommen:

$$\left(\frac{D}{d} = \frac{100}{80} = 1{,}25\,, \quad \frac{\varrho}{d} = \frac{8}{80} = 0{,}1\right)$$

für Biegung $\alpha_K = 1{,}73$,
für Torsion $\alpha_K = 1{,}33$.

Aus Abb. 22 werden die Werte von η_K entnommen und daraus β_K errechnet. Ergebnisse in nachfolgender Tabelle:

Wert	erhalten aus	für: St50		25CrMo4		16MnCr5		
η_K	Abb. 22	0,80		0,87		0,92		
β_K	$=\eta_K(\alpha_K-1)+1$	1,58[1]	1,25[2]	1,64	1,29	1,67	1,31	
$\sigma_{zul.}$	$= b_0 \cdot b_1 \cdot \sigma_{bw}$	15,1		19,0		26,1		kp/mm²
$\tau_{zul.}$	$= b_0 \cdot b_1 \cdot \tau_w$	8,9		10,1		15,4		kp/mm²
σ_D	$= \sigma_{zul}/\beta_K$	9,5		11,6		15,6		kp/mm²
τ_D	$= \tau_{zul}/\beta_K$	7,1		7,8		11,8		kp/mm²

[1] Gültig für Biegung. [2] Gültig für Drehung.

Die Sicherheit S unter einer bestimmten Wechsel-Belastung ergibt sich dann aus:

$$S = \frac{\sigma_D}{\sigma_n} \quad \text{bzw.} \quad \frac{\tau_D}{\tau_n}\,,$$

wobei σ_n und τ_n nach derselben Methode wie die α_K-Werte errechnet werden müssen.

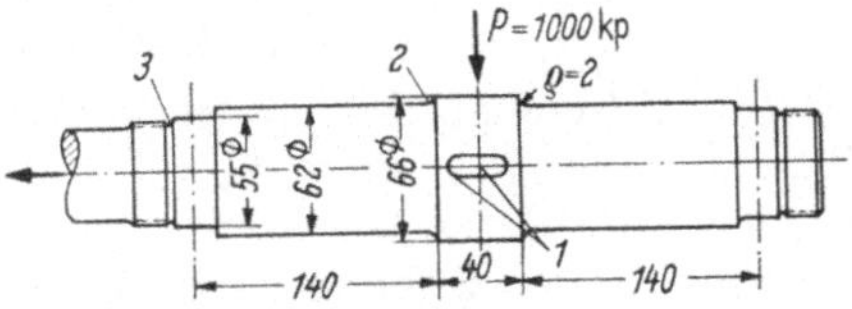

Beispiel 2. *Nachrechnung einer Getriebewelle.*

Werkstoff: St50.

$Ne = 100$ PS; $n = 1000$ 1/min.

$$M_{D\max} = 71620 \frac{N}{n} = 7162 \text{ kp cm}.$$

$$M_{B\max} = \frac{P \cdot 14}{2} = 7000 \text{ kp cm}.$$

Abb. 31.

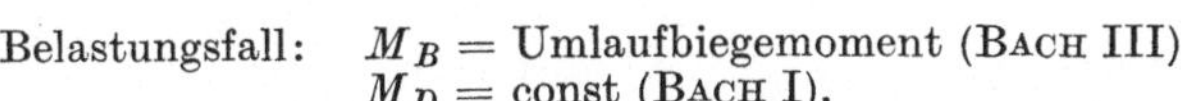
Belastungsfall: M_B = Umlaufbiegemoment (Bach III),
M_D = const (Bach I).

Gefährdete Stellen (s. Abb. 31): *1* Spannungsspitze durch Paßfeder,
2 Querschnittsübergang,
3 Gewinde für Festspannen des Wälzlagers.

Zulässige Spannungen, da $b_0 = 0{,}7$, $b_1 = 0{,}9$ (Abb. 30 u. 28), $\sigma_{zul} = 0{,}7 \cdot 0{,}9 \cdot \sigma_{Bw} = 0{,}63 \cdot 24 = 15{,}1$ kp/mm², $\tau_{zul} = \tau_s$ (ruhende Beanspr.) $= 19$ kp/mm² (Abb. 25b). Das Anstrengungsverhältnis zur Berechnung der Vergleichsspannung ist:

$$\alpha = \frac{15{,}1}{\sqrt{3} \cdot 19} = 0{,}46 .$$

Nachrechnung auf Sicherheit:

Stelle *1*. Wegen der Paßfeder ist für die Biegebeanspruchung $\beta_K = 1{,}8$, für die Drehbeanspruchung $\alpha_K = 2{,}1$. Wegen der Querschnittsverminderung (durch die Keilnut) auf $d = 63$ mm ist $W_p = \frac{\pi \cdot d^3}{16} = 49$ cm³.

An der Stelle *1* wird nicht das volle Drehmoment wirken, jedoch kann man dies für das linke Ende der Keilnut annehmen. Das Biegemoment ist dort wegen des Momentenverlaufs und der Wirkung des aufgepreßten Rades etwas kleiner, wir nehmen 90% an. Dann wird

$$\tau_1 = \frac{M_{D\max} \cdot \alpha_K}{W_p} = \frac{7162 \cdot 2{,}1 \cdot 10}{49 \cdot 10^3} = 3{,}06 \text{ kp/mm}^2 ,$$

$$\sigma_1 = \frac{0{,}9\, M_{B\max} \cdot \beta_K}{W_B} = \frac{0{,}9 \cdot 7000 \cdot 1{,}8 \cdot 10}{0{,}5 \cdot 49 \cdot 10^3} = 4{,}63 \text{ kp/mm}^2 .$$

Die Vergleichsspannung ist:

$$\sigma_v = \sqrt{\sigma_1^2 + 3\,(\alpha\,\tau_1)^2} = \sqrt{4{,}63^2 + 3 \cdot (0{,}46 \cdot 3{,}06)^2} = 5{,}25 \text{ kp/mm},$$

$$S = \frac{\sigma_{zul.}}{\sigma_v} = \frac{15{,}1}{5{,}25} = 2{,}9 .$$

Stelle *2*.

Für Biegung ist: $\alpha_K = 2{,}0$, $\eta_K = 0{,}75$, $\beta_K = 1{,}75$.

Für Torsion ist: $\alpha_K = 1{,}35$.

Das Biegemoment ist: $M_{B\max} \cdot \frac{120}{140} = 6000$ kpcm.

Das Drehmoment ist: $M_{D\max} = 7162$ kpcm.

$$\sigma_2 = \frac{6000 \cdot 1{,}75 \cdot 10}{0{,}5 \cdot 49 \cdot 10^3} = 4{,}28 \text{ kp/mm}^2,$$

$$\tau_2 = \frac{7162 \cdot 1{,}35 \cdot 10}{49 \cdot 10^3} = 1{,}97 \text{ kp/mm}^2 .$$

Die Vergleichsspannung:

$$\sigma_v = \sqrt{4{,}28^2 + 3\,(0{,}46 \cdot 1{,}97)^2} = 4{,}55 \text{ kp/mm}^2 ,$$

$$S = \frac{15{,}1}{4{,}55} = 3{,}32 .$$

Aus diesen Ergebnissen ist zu erkennen, daß eine Nachrechnung der Stelle *3* nicht notwendig ist.

D. Die Verformung als Grenze

In zahlreichen Fällen werden die Abmessungen einer Welle nicht von der Beanspruchung, sondern von der höchsten zulässigen Verformung unter den einwirkenden Kräften bestimmt. Handelt es sich um reine Verdrehung, so wird diese bei kreisrunden Querschnitten berechnet nach der Formel:

$$\left.\begin{aligned} \vartheta &= \frac{l \cdot M_D}{G \cdot I_p} \quad \text{in Winkeleinheiten}\,, \\ &= \frac{57{,}3\, l \cdot M_D}{G \cdot I_p} \quad \text{in Grad}\,. \end{aligned}\right\} \qquad (21)$$

Dabei ist:

M_D = Drehmoment [kpcm],

l = Länge der Welle [cm],

G = Gleitmodul [kp/cm²], für die meisten Stahlsorten 800000 bis 825000 kp/cm²,

I_p = Polares Trägheitsmoment des Wellenquerschnittes [cm⁴].

$$\left.\begin{aligned} &\text{Für den vollen Wellenquerschnitt ist} \quad I_p = \frac{\pi}{32} d^4, \\ &\text{für die Hohlwelle} \quad I_p = \frac{\pi}{32}(d_a^4 - d_i^4)\,. \end{aligned}\right\} \qquad (22)$$

Besteht die Welle aus Abschnitten l_1, l_2, l_n mit verschiedenen Querschnitten und Trägheitsmomenten, so ist

$$\vartheta^\circ = 57{,}3 \frac{M_D}{G} \sum \left(\frac{l_n}{I_{pn}}\right). \qquad (23)$$

Wenn Wellenstücke durch Keilnute geschwächt sind, so setzt man statt des Durchmessers d den Wert $d - t/_3$ ein, wobei t = Tiefe der Keilnut.

Schwer zu beurteilen ist der Einfluß der Naben von aufgesetzten Rädern, Scheiben usw., weil deren Wirkung ganz von der Art und Güte des Sitzes abhängt. Bei starkem Schrumpfsitz (Schrumpfmaß 1/550—1/750) kann man Welle und Nabe als ein Stück betrachten[1], bei Preßsitzen ist zu empfehlen, die Hälfte der in der Nabe sitzenden Welle als elastisch anzunehmen.

Eine Begrenzung der Verdrehung unter einer gleichmäßigen Belastung liegt selten vor; bei Transmissionswellen hat man aus praktischen Gründen eine max. Verdrehung von 1/4° pro 1 m Länge festgelegt. Trotzdem spielt die Verdrehung eines jeden Wellenstückes als sog. Dreh-Elastizität eine sehr große Rolle bei den Dreh-Schwingungserscheinungen, die später besprochen werden. Ähnliche dynamische Betrachtungen liegen vor, wenn man eine sog. elastische Welle formen will, bei der gewöhnlich ein bestimmtes Maß von Verdrehung unter dem gegebenen Drehmoment für die richtige Wirkung notwendig ist. Für die Bestimmung einer elastischen Welle aus Stahl, für die eine Länge l zur Verfügung steht, und eine Verdrehung von α° unter dem maximalen Drehmoment $M_{D\max}$ festgelegt ist, gilt zunächst die Gleichung:

$$\text{Dreh-Elastizität } c = \frac{M_{D\max}}{\alpha^\circ} = \frac{I_p \cdot G}{57{,}3 \cdot l}\,,$$

d. h. mit $G = 820000$ kp/cm² wird $d^4 = \frac{c \cdot l}{1400}$ [cm⁴].

Nun ist aber noch nachzuprüfen, ob dieser Durchmesser mit Rücksicht auf die Beanspruchung zulässig ist, d. h.

$$\frac{M_{D\max} \cdot 16}{\pi\, d^3} < \tau_{\max}\,,$$

[1] Für sehr starke Naben und hohe Beanspruchungen ist diese Annahme etwas zu günstig, vgl. die Formel auf S. 43 für die elastische Länge von Kurbelwellen, die auch für geschrumpfe Kröpfungen gilt.

wobei τ_{max} nach Material und Formgebung nach den Angaben in Abschn. I. B zu bestimmen ist.

Wenn die Beanspruchung überschritten wird, ist die erforderliche Elastizität innerhalb der Länge nicht unterzubringen; es muß entweder eine größere Länge zur Verfügung gestellt werden, oder die Ansprüche bezüglich Elastizität sind zu reduzieren.

In der praktischen Berechnung der Wellen spielt die höchstzulässige Durchbiegung durch die Querkräfte und das Eigengewicht eine große Rolle. Bei den meisten Maschinen liegt schon aus deren Funktion oder der verlangten Genauigkeit eine Begrenzung der statischen Durchbiegung vor, noch wichtiger ist aber bei Wellen höherer Drehzahl die Einhaltung einer bestimmten Steifigkeit, um gefährliche Resonanz-Schwingungen zu vermeiden, die aus dem Zusammenwirken der elastischen Eigenschaften der Welle, den aufgebrachten Massen und deren Fliehkräften entstehen.

Ganz allgemein ergibt sich aus den Gleichungen für die Durchbiegung von Wellen, deren einfachste für die in der Mitte belastete Welle lautet:

$$f = \frac{P \cdot l^3}{E \cdot I \cdot 48}, \quad \text{wobei} \quad I = \frac{\pi}{64} d^4, \tag{24}$$

daß die Durchbiegung stets proportional der aufgebrachten Last und der dritten Potenz des Lagerabstandes l ist, umgekehrt proportional der durch das Produkt $E\,I$ dargestellten Steifigkeit der Welle, also auch der vierten Potenz des Wellendurchmessers. Zu beachten ist daher, daß Bronzewellen entsprechend dem niederen E-Modul eine größere Durchbiegung als Stahlwellen haben und daß Wellen aus *hochfesten Sonderstählen nicht steifer sind, als solche aus normalem S.M.-Stahl.* Diese Angaben gelten für jede Wellenform und Belastungsart, sind also Grundregeln bei der Variation von Belastungen und Abmessungen.

Bei Wellen von elektrischen Maschinen, d. h. Generatoren und Motoren schreiben die E-Firmen eine Grenze für die Durchbiegung der Wellen im Rotorsitz vor, meistens nicht mehr als 0,25 bis 0,35 mm. Diese Vorschriften sind beim Zusammenbau von den genannten Maschinen mit anderen auf gemeinsamer Welle zu beachten. In jedem Fall muß man die notwendigen Angaben von den E-Firmen anfordern bzw. die ermittelte Durchbiegung zur Genehmigung vorlegen.

Ungefähre Anhaltspunkte sind:

$f_{max} \leqq 5 \cdot 10^{-3} \times$ Zahnmodul [mm] für Zahnradwellen,

$f_{max} \leqq 0{,}16$ mm für fliegende Wellenenden.

In verschiedenen Fällen ist nicht nur die größte Durchbiegung, sondern auch die größte Winkelabweichung von der Wellenachse zu überprüfen. Dies gilt meistens für die Wellenenden, besonders bei belasteten überhängenden Wellenenden, wo starke Winkelabweichungen Schwierigkeiten und Störungen in der Ausrichtung und Kupplung mit anderen Wellen verursachen (vgl. Kap. VIII). Anhaltspunkt für normale Transmissionswellen: max. $\tan\beta = 1/1000$.

Innerhalb von Gleitlagern gilt ungefähr:

$$\tan\beta \leqq \frac{\psi}{B/D},$$

wobei

ψ = relatives Lagerspiel,
B = Lagerbreite,
D = Lagerdurchmesser.

Für kantenempfindliche Lagerwerkstoffe sollte man möglichst weit unter diesem Grenzwert bleiben.

Bei Wälzlagern achte man auf die Angaben der Hersteller. Die zulässige Neigung hängt vom Lagertyp und der Fluchtgenauigkeit der Bohrungen ab. Unempfindlich sind Pendellager, sehr empfindlich Rollenlager, ganz besonders Nadellager. Bei Rillen-Kugellagern richtet sich die zulässige Neigung der Welle nach der Lagerluft im betriebswarmen Zustande. Anhaltswerte sind:

$\beta \leqq 8'$ bis $12'$ für kleinere Lager,

$\beta \leqq 4'$ bis $6'$ für größere Lager.

In einfachen Fällen, d. h. bei Wellen von durchwegs gleichen Querschnitten, statisch bestimmter Lagerung und einfachen Belastungen kann man die Durchbiegungen und Winkelabweichungen mit den Formeln der Taschenbücher errechnen (s. S. 8/9). Man kann dabei durch Kombination der verschiedenen Formeln etwas schwierigere Fälle angenähert berechnen, indem man das lineare Überlagerungsgesetz der elastischen Verformungen ausnützt: *Die resultierende Durchbiegung durch verschiedene Einzellasten ist an jeder Stelle gleich der Summe der von den einzelnen Lasten verursachten Durchbiegungen.* Gewisse Schwierigkeiten bereitet dabei die Ermittlung des Höchstwertes, der ohne volle Kenntnis der einzelnen Biegelinien nicht genau bestimmt werden kann.

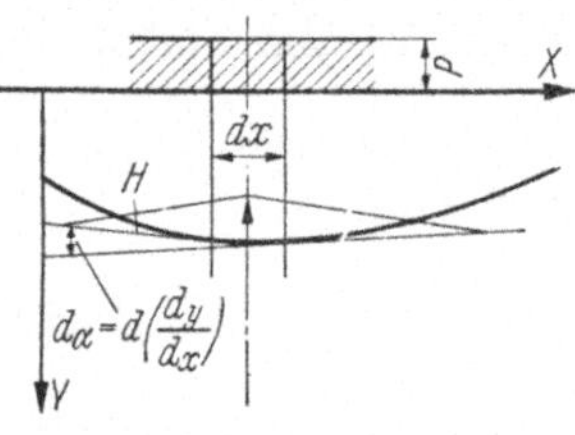

Abb. 32. Gleichgewichtsbedingung an einem Ausschnitt des Seilecks.

Bei mehrfachen und verschiedenartigen Belastungen und bei Wellen mit abgesetzten Durchmessern bleibt nur die graphische Ermittlung der elastischen Linie nach dem MOHRschen Verfahren. Es gründet sich auf den engen Zusammenhang zwischen dem auf S. 5 erläuterten Seileckverfahren zur Ermittlung der Momente und der Gleichung der elastischen Linie.

Das Seileck wird zu einem kontinuierlichen Seilzug, wenn man eine konstante Belastung pro Längeneinheit $= p$ zugrundelegt. Man erkennt aus dem Kräfteplan und dem Seilzug, daß für zwei dicht nebeneinanderliegende Stellen die Gleichgewichtsbedingung gilt (vgl. Abb. 32).

$$H \cdot d\alpha = p \cdot dx, \text{ d. h., } H \cdot d\left(\frac{dy}{dx}\right) = p \cdot dx$$

oder

$$\frac{d^2y}{d^2x} = \frac{p}{H} \,. \tag{25a}$$

Andererseits gilt für die elastische Linie die angenäherte Gleichung

$$\frac{d^2y}{dx^2} = \frac{M}{E\,J} \,. \tag{25b}$$

$y =$ Ordinate der elastischen Linie,
$x =$ Abszisse der elastischen Linie,
$M =$ Biegungsmoment an der beliebigen Stelle x,
$J =$ aequatoriales Trägheitsmoment an der beliebigen Stelle x.

Man kann also die elastische Linie nach der Methode der Seileckkonstruktion ermitteln, wenn man den vorher bestimmten Momentenverlauf als Belastung und als Horizontalzug $E\,J$ [kp cm²] einsetzt. Absätze in den Wellendurchmessern werden durch Einführungen eines Reduktionsträgheitsmomentes J_r berücksichtigt, indem man die Grundgleichung umformt in

$$\frac{d^2y}{d^2x} = \frac{l}{E\,J\,r} \cdot \frac{M\,J_r}{J} \,. \tag{25c}$$

Nachdem man das erste Seileck gemäß S. 5 gezeichnet hat, wird die Momentenfläche nach den Wellenabsätzen mit J_r/J reduziert und dann mit zweckmäßiger

Unterteilung der Fläche der Momentenkurve ein neues Seileck gezeichnet, wobei diese Flächenabschnitte als Belastungen dienen (vgl. Abb. 33).

Die Hauptsache ist, die Maßstäbe richtig zu berücksichtigen. Aus den früheren Erläuterungen geht zunächst hervor, daß die wahre Momentenfläche das $i \cdot H \cdot m^2$-fache derjenigen der Zeichnung ist [vgl. Gl. (3)]. Trägt man nun die gemessenen Flächenelemente im zweiten Kräfteplan mit einem Maßstab 1 cm $= f$ [cm²] auf

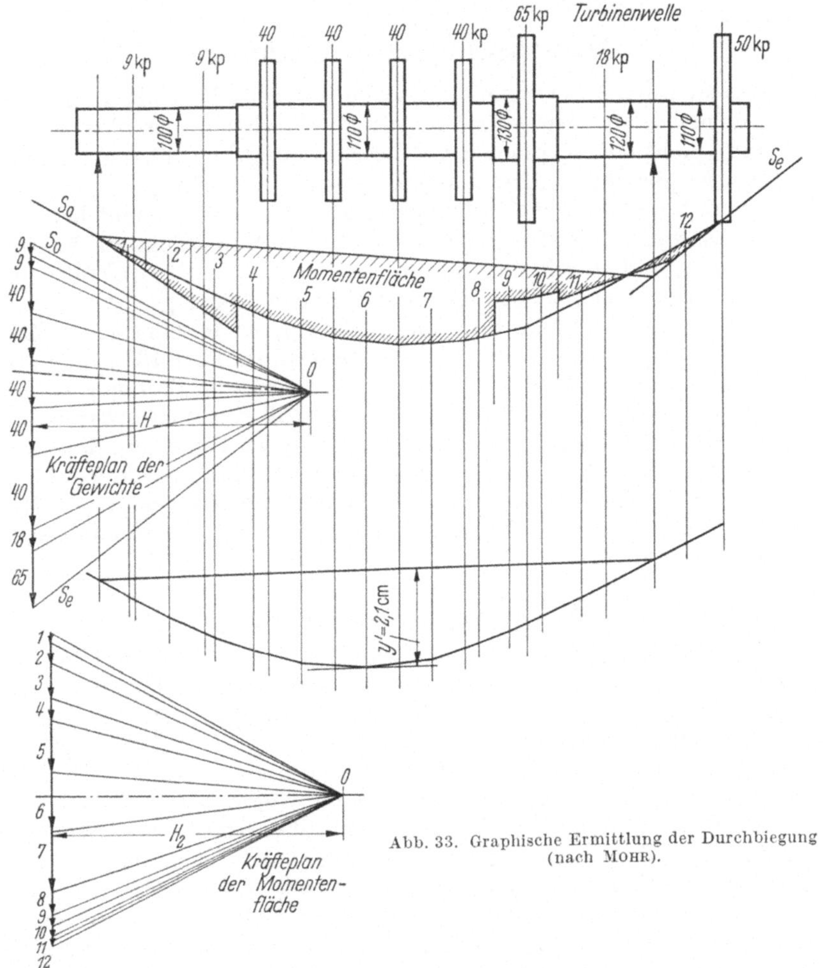

Abb. 33. Graphische Ermittlung der Durchbiegung (nach MOHR).

und nimmt man für den zweiten Polabstand die Länge $\frac{E \cdot J_r}{h}$ in cm, so ist der Maßstab für die Durchbiegungslinie, d. h. Verhältnis der wahren zur gezeichneten Durchbiegung y

$$n = \frac{i \cdot H \cdot f \cdot m^3}{h}. \tag{26}$$

Man wird den Polabstand des zweiten Kräfteplanes, d. h. den Faktor h möglichst so wählen, daß der Vergrößerungsfaktor eine Zehnerpotenz wird. Außerdem bemühe man sich, den Pol so zu legen, daß die Schlußlinie, die ja die Abszisse der elastischen Linie darstellt, möglichst waagerecht liegt.

Handelt es sich darum, den Neigungswinkel der elastischen Linie an einer beliebigen Stelle abzulesen, so ergibt sich dieser aus der Überlegung:

In der Zeichnung ist $\tan \beta' = \frac{\triangle' y}{\triangle x}$.

Die wirkliche Neigung β ist dargestellt durch

$$\tan \beta = \frac{\triangle y}{\triangle x} = \frac{i \cdot H \cdot f \cdot m^3}{h \cdot m} = \tan \beta' \cdot \frac{i \cdot H \cdot f \cdot m^2}{h} . \qquad (27)$$

II. Schwingungsberechnung

Die Beherrschung der Schwingungserscheinungen an Maschinen, insbesondere an deren Wellen, ist heute eine wichtige Aufgabe für den Konstrukteur. Die Entwicklung zum Leichtbau, verbunden mit der Erhöhung derDrehzahl hat zur Folge, daß die Eigenfrequenzen meistens kleiner werden, die Erregerfrequenzen aber zunehmen, so daß die Wahrscheinlichkeit eines Zusammentreffens beider immer größer wird. Dieser Fall der „Resonanz" ist aber ein unbedingt zu vermeidender Gefahrenzustand, weil durch das Zusammenwirken der Massenkräfte und der elastischen Kräfte hohe zusätzliche Beanspruchungen, unruhiger Lauf und erhöhte Energieverluste entstehen. Man nennt die Drehzahl, bei der ein solcher Resonanzfall entsteht, eine „Kritische Drehzahl". Wenn bekannt ist, daß in einem System, das mit der Drehschnelle ω rotiert, erregende Kräfte mit der Frequenz $k \cdot \omega$ wirken (wobei wir von der k-ten Ordnung sprechen), so muß eine Vorausberechnung der Eigenfrequenzen des Systems ermöglichen, diese so zu bemessen, daß in keinem Falle eine dieser Eigenfrequenzen mit einer k-ten Ordnung zusammenfällt. Dies gilt natürlich nur für den Fall, daß die betreffende erregende Kraft in der Richtung der möglichen Schwingung Arbeit auf das System übertragen kann, um überhaupt eine Schwingung zu erzeugen.

A. Biegungsschwingungen

Resonanzschwingungen von Wellen, die auf Verbiegung beruhen, werden meistens durch die Fliehkräfte kleiner Unwuchten erregt. Diese lassen sich ja durch noch so genaues Auswuchten nicht vollständig beseitigen. Daraus geht hervor, daß Resonanzgefahr fast nur bei Wellen höherer Drehzahl vorliegt, z. B. bei Turbinen, Gebläsen, usw. wo die erregende Frequenz und die Fliehkräfte groß sind. Die Vorgänge beim Entstehen von Biegungsschwingungen exakt zu schildern, erfordert einigen mathematischen Aufwand. Für den Konstrukteur genügen aber zum Verständnis und Berechnung folgende einfache Überlegungen.

Den einfachsten Fall stellt eine rotierende masselose Welle mit einer aufgesetzten Scheibe von der Masse m dar (Abb. 34), deren Schwerpunkt durch eine Unwucht um einen kleinen Betrag e außerhalb der Wellenmitte liegt. Wir sehen nun von allen weiteren äußeren Einflüssen, sowie auch innerer und äußerer Reibung und zusätzlicher Beanspruchungen ab. Bei der Drehschnelle ω wirkt an der Scheibe die Fliehkraft.

$$P_f = m \cdot r \cdot \omega^2 = m\,(y + e)\,\omega^2 .$$

Dieser Kraft wirkt die Biegungssteifigkeit der Welle entgegen, sie wird durch eine an der gleichen Stelle angreifende Kraft

$$P_e = c \cdot y \quad (c = \text{Steifigkeit [kp/cm]})$$

dargestellt. Ein stationärer Umlauf der Welle ist nun nur möglich, wenn diese beiden Kräfte sich aufheben, der Durchstoßpunkt der Lagerachse 0, der Wellenmittelpunkt M und der Schwerpunkt S müssen dann in einer Geraden liegen.

Für den Fall, daß S außerhalb OM liegt (Abb. 35) ergibt sich dann die Gleichgewichtsbedingung:

$$m\,(y + e)\,\omega^2 = c \cdot y$$

und daraus

$$y = \frac{e}{\frac{c}{m \cdot \omega^2} - 1}. \tag{28}$$

Wenn nun $c/m = \omega^2$, wird y unendlich groß, dies ist gemäß Definition der Resonanzfall, die kritische Drehzahl ist also

$$n_e = \frac{30}{\pi}\sqrt{\frac{c}{m}}. \tag{29}$$

Der Steifigkeitsfaktor c ist stets diejenige Kraft, die an der Stelle der Scheibe eine Durchbiegung von 1 cm hervorrufen würde, sie berücksichtigt also jede Art der Lagerung und sonstige Einspannungsbedingungen. Wenn c bekannt ist, gilt die obige Gleichung also ohne Einschränkung für beliebige gelagerte masselose Wellen mit einer Einzelmasse. Für die meisten Fälle kann c aus den Durchbiegungsformeln (vgl. S. 5) errechnet werden; die wichtigsten Formeln zur Berechnung von ω_e sind in der Tabelle 4 links angegeben. Da zusätzliche Querkräfte, wie z. B. Riemenzug oder Zahndruck, den Wert c nicht ändern, ist klar erkenntlich, daß diese die Eigenfrequenz nicht beeinflussen.

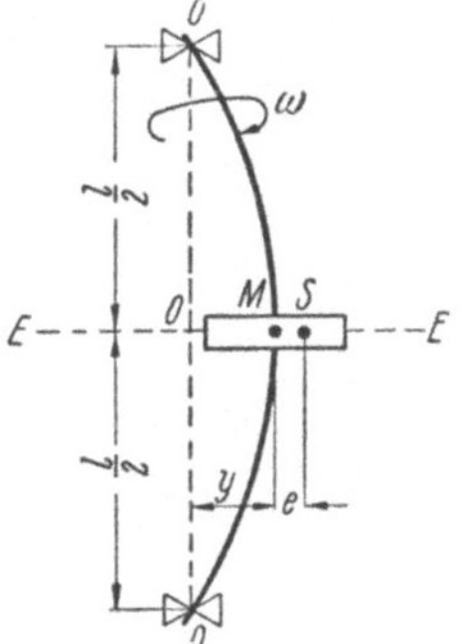

Abb. 34. Schema der masselosen Welle mit einer Scheibe.

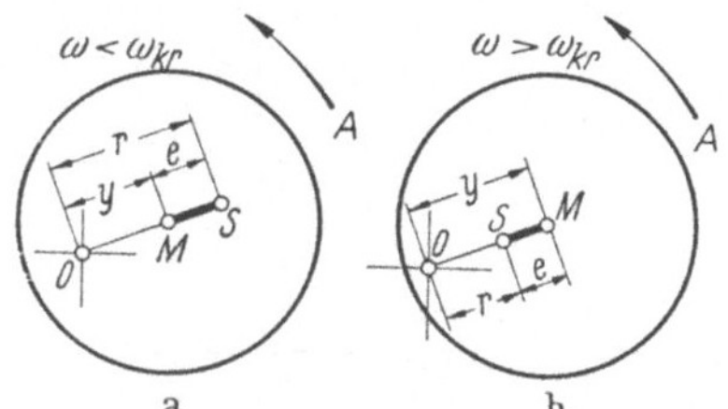

Abb. 35a u. b. Schwerpunkt der Scheibe außerhalb (a) und innerhalb (b) Wellenmitte M.

Wird $\omega^2 > \frac{c}{m}$, so wird y negativ, dies ist so aufzufassen, daß durch eine Umkehr der Schwingungsbewegung der Schwerpunkt S nunmehr zwischen O und M rückt. Mit weiter wachsendem ω^2 nähert sich dann y immer mehr $-e$, S fällt dann fast mit O zusammen, die Scheibe verlagert ihren Schwerpunkt in die Verbindungsachse $O-O$ und rotiert um diese.

Den Zustand $\omega^2 < \frac{c}{m}$, S außerhalb OM nennt man unterkritisch, wenn $\omega^2 > \frac{c}{m}$ und S zwischen O und M liegt, läuft die Welle im überkritischen Gebiet. Man bemüht sich im allgemeinen, daß die Wellen unterhalb der kritischen Drehzahl laufen. Steife Wellen sind vorteilhafter, da beim Anfahren und Abstellen kritische Drehzahlen nicht durchfahren werden müssen. Bei sehr hohen Drehzahlen muß man sich jedoch oft entschließen, im überkritischen Gebiet zu fahren.

Zu beachten ist, daß die Fliehkräfte

$$P_f = m \cdot r \cdot \omega^2 = m\,(y + e)\,\omega^2$$

Tabelle 4. *Eigenfrequenz von Balken bzw. Wellen gleichen Querschnittes*

A. Masselose Wellen mit Einzelmassen

I	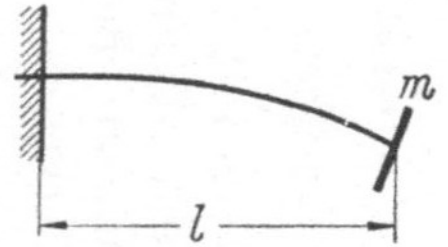 $\omega_e^2 = \dfrac{3\,E\,J}{m\,l^3}$
II	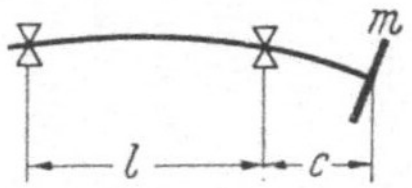 $\omega_e^2 = \dfrac{3\,E\,J}{m\,(l+c)\,c^2}$ Sonderfall $c = l$: $\omega_e^2 = \dfrac{3\,E\,J}{2\,m \cdot l^3}$
III	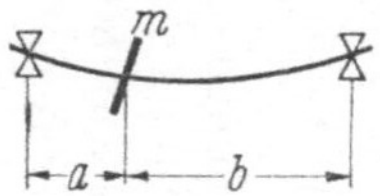 $\omega_e^2 = \dfrac{3\,E\,J \cdot l}{a^2\,b^2 \cdot m}$ Sonderfall $a = b = \dfrac{l}{2}$: $\omega_e^2 = \dfrac{48\,E\,J}{m \cdot l^3}$
IV	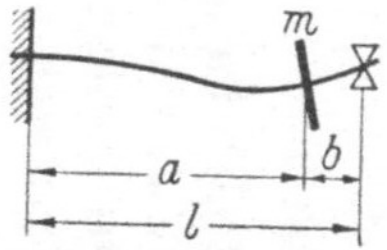 $\omega_e^2 = \dfrac{12\,E\,J}{m} \cdot \dfrac{l^3}{a^3 \cdot b^2\,(3\,l + b)}$ Sonderfall $b^2 = 0{,}17\,l^2$: $\omega_e^2 = \dfrac{102\,E\,J}{m\,l^3}$
V	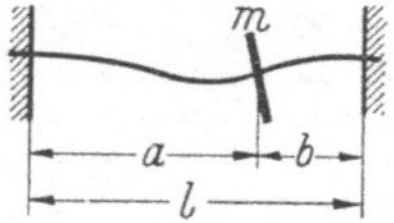 $\omega_e^2 = \dfrac{3\,E\,J}{m} \cdot \dfrac{l^3}{a^3\,b^3}$ Sonderfall $a = b = \dfrac{l}{2}$: $\omega_e^2 = \dfrac{192\,E\,J}{m\,l^3}$

B. Gleichmäßig belastete Wellen

$$\omega_e = \frac{\beta_i^2}{l^2} \cdot \sqrt{\frac{E \cdot J \cdot g}{\gamma \cdot f}}$$

	I. Grad β_1	II. Grad β_2	III. Grad β_3
I	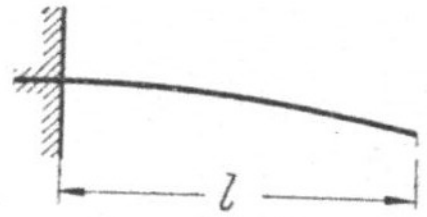 1,875	4,694	7,855
II	 π	$2\,\pi$	$3\,\pi$
III	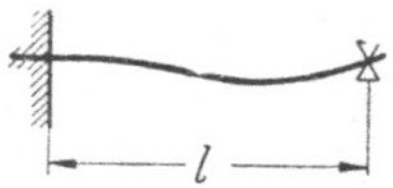 3,927	7,069	10,21
IV	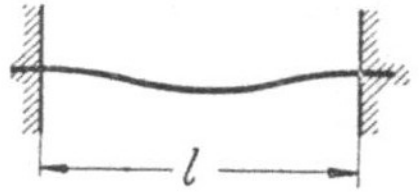 4,730	7,853	10,996

entsprechende rotierende Kräfte in den Lagern hervorrufen. Das Anwachsen dieser Kräfte beim Durchfahren einer Kritischen gibt Anlaß zu Erschütterungen der Maschine und des Fundamentes. Nähert man sich im unterkritischen Gebiet der Resonanz, so wird r/e immer größer (z. B. für $\frac{\omega}{\omega_e} = 0{,}95$ ist $r = 5{,}64\,e$), dagegen wird im überkritischen Gebiet r/e immer kleiner (z. B. bei $\frac{\omega}{\omega_e} = 1{,}15$, $r = 3{,}1\,e$).

Für glatte Wellen, die gleichmäßig, z. B. durch ihr Eigengewicht belastet sind, ist die Berechnung der kritischen Drehzahlen etwas schwieriger. Die Theorie ergibt zunächst, daß theoretisch eine unendliche Reihe von kritischen Drehzahlen vorliegen. Sie beginnt mit der Eigenfrequenz ersten Grades mit einem Schwingungsbauch zwischen den Lagern, dann die zweiten Grades mit einem Knotenpunkt und zwei Schwingungsbäuchen, dann die dritten Grades mit 2 Knoten und 3 Schwingungsbäuchen usw. Praktisch hat man es fast nur mit der Eigenfrequenz ersten Grades, höchst selten mit der zweiten Grades zu tun.

Die allgemeine Lösung für die glatte Welle ist

$$\omega_e^2 = \frac{\beta_i^4}{l^4} \cdot \frac{E \cdot J}{\gamma \cdot f} \cdot g \,. \tag{30}$$

Dabei ist:

γ = spez. Gewicht des Wellenmaterials,
f = Wellenquerschnitt,
l = Länge zwischen den Lagern.

Im Falle einer gleichmäßig belasteten Welle tritt statt $\gamma \cdot f$ die Belastung pro Längeneinheit p.

In der Tab. 4 sind rechts für einige wichtige Fälle die Koeffizienten β_i für die Eigenfrequenzen ersten bis dritten Grades angegeben.

Für den Konstrukteur ist bei der Berechnung von Wellen wichtig, den Einfluß der Bestimmungsgrößen auf die Eigenfrequenz zu kennen. Bei allen Systemen mit einer beliebigen Anzahl Einzelmassen auf einer masselos zu denkenden Welle hat die Formel der Eigenfrequenz die Form

$$\omega_e = K \sqrt{\frac{c}{m}} \quad \text{oder} \quad K_1 \sqrt{\frac{E \cdot J}{m \cdot l^3}}$$

bei massiven Wellen vom Durchmesser d

$$\omega_e = K_2 \sqrt{\frac{E \cdot d^4}{m \cdot l^3}} \,.$$

Die Eigenfrequenz wächst also in diesem Falle proportional mit dem Quadrat von d und umgekehrt mit $\sqrt{l^3}$.

Bei gleichmäßiger Massenverteilung lautet die Formel, wenn wir für Stahl für E und γ konstante Werte annehmen,

$$\omega_e = K_3 \sqrt{\frac{J}{l^4 \cdot f}} = K_4 \frac{d}{l^2} \,.$$

Der Einfluß von d und l ist also ganz anders als im erstgenannten Fall.

Für einfache Wellen mit Einzelmassen besteht ein einfacher Zusammenhang zwischen der statischen Durchbiegung unter dem Gewicht der aufgesetzten Scheibe und der Eigenfrequenz. Es ist: $\omega_e^2 = c/m$.

Die Durchbiegung der Welle an der Stelle der Masse ist:

$$f_m = \frac{G}{c} = \frac{m \cdot g}{c} \,, \quad \text{d. h.} \quad \omega_e^2 = \frac{g}{f_m} \,,$$

woraus die bekannte Näherungsformel entsteht:

$$n_e = 300 \sqrt{\frac{1}{f_m}} \;\; (f_m \text{ in cm}) \,. \tag{31}$$

Daraus folgt der Schluß, daß je höher die Drehzahl einer Maschine, desto geringer muß die Durchbiegung der Welle unter dem Gewicht der rotierenden Masse sein, wenn man im unterkritischen Gebiet bleiben will.

Diese Formel läßt sich nach den ausgedehnten Versuchen von DUNKERLEY noch erweitern auf zweifach gelagerte Wellen mit konstantem Querschnitt und der Belastung durch Eigengewicht und eine Anzahl von Einzelmassen. Man ermittelt zunächst die Eigenfrequenz der Welle selbst ohne Massen ω_{e0} und dann die Eigenfrequenzen für die masselose mit jeweils einer Masse m_1, m_2 usw.: ω_{e1}, ω_{e2}, ω_{e3}.

Dann ist nach DUNKERLEY die Eigenfrequenz der ganzen Welle bestimmt durch die Gleichung

$$\frac{1}{\omega_e^2} = \frac{1}{\omega_{e_0}^2} + \frac{1}{\omega_{e_1}^2} + \frac{1}{\omega_{e_2}^2} + \frac{1}{\omega_{e_3}^2} + \cdots. \tag{32}$$

Diese Näherungsformel weist einen Fehler von 5 bis 10% auf, wobei meistens die Eigenfrequenz zu niedrig berechnet wird. Sie wurde später unter gewissen vereinfachenden Annahmen auch mathematisch begründet. Kann man den Einfluß des Eigengewichtes der Welle vernachlässigen, so läßt durch Einsetzen von $\frac{1}{\omega_{en}^2} = \frac{f_n}{g}$ die obige Formel umwandeln in

$$\omega_e^2 = \frac{g}{\Sigma f_n} \quad \text{bzw.} \quad n_e = \frac{300}{\sqrt{\Sigma f_n}}.$$

Zu bemerken ist noch, daß diese Näherungsformel natürlich nur für die Ermittlung der Eigenschwingungszahl ersten Grades (ein Schwingungsbauch) gilt, bei Wellen mit überhängendem Teil ist sie nur beschränkt verwendbar. Die letzte Form ergibt klar, daß jede weitere aufgebrachte Masse die Eigenfrequenz erniedrigt, da ja $\sum f_n$ damit zunimmt.

Wenn die Welle abgesetzte Durchmesser aufweist, d. h. wechselnde Trägheitsmomente, so ist die angenäherte rechnerische Lösung nicht mehr möglich, man muß dann zu graphischen Methoden greifen. Eine erste gut brauchbare Annäherung ist, die maximale Durchbiegung $Y_{0\max}$ mit der graphischen Methode nach MOHR (vgl. S. 33) zu ermitteln und dann nach der Formel zu rechnen:

$$n_e = 300\sqrt{\frac{1}{Y_{0\max}}}. \tag{33}$$

Da hier die statische Durchbiegungslinie zugrunde gelegt wird, anstatt der durch dynamische Belastung der Zentrifugalkräfte hervorgerufenen, entsteht eine Abweichung, die gewöhnlich nicht mehr als 4 bis 5% beträgt, wobei n_e zu niedrig errechnet wird. Die zweite, für die Praxis völlig ausreichende Annäherung wird erreicht, wenn man aus der statischen Biegelinie mit den Ordinaten Y_0 eine neue korrigierte Durchbiegungslinie ermittelt. Dabei setzt man als Schwingungsfrequenz zuerst die Annäherung ein

$$\omega_e' = \sqrt{\frac{g}{Y_{0\max}}}.$$

Das neue Belastungsbild der Welle ist dabei durch die Fliehkräfte der mit ω_e rotierenden Welle dargestellt, d. h. an jeder Stelle wirkt die Querkraft.

$$\frac{\Delta G}{g} \cdot y_0\, \omega_e'^2.$$

Die neue mit dieser Belastung gezeichnete Durchbiegungslinie ergibt einen neuen Wert $Y_{1\max}$. Nimmt man nun an, daß die beiden Durchbiegungslinien affin sind, dann läßt sich die genauere Eigenfrequenz aus der Überlegung ableiten, daß für die Eigenschwingung jede dynamische Durchbiegungslinie eine Gleichgewichtslinie sein muß. Die Übereinstimmung wird erzielt, wenn man die zunächst angenommene Eigenfrequenz im Verhältnis der Wurzeln der beiden erhaltenen Durchbiegungen korrigiert, d. h.

$$\omega_e = \omega_e' \sqrt{\frac{Y_{1\,\max}}{Y_{0\,\max}}}\,. \tag{34}$$

Da die dynamischen Durchbiegungslinien für alle Drehzahlen ähnlich sind, ist es praktisch belanglos, welche Schwingungszahl man bei deren Ermittlung einsetzt. Man kann daher zur Vereinfachung der Rechenarbeit für ω_e einfach die Zahl 10^3 oder 10^4 einsetzen. Man ist dann aber meistens gezwungen, für die Konstruktion der dynamischen Durchbiegungslinie andere Maßstäbe anzuwenden, als bei der ersten Konstruktion, was aber durchaus keine Erschwerung bedeutet, wenn man die Formel für den Endmaßstab im Auge behält [Gl. (26)].

Das Verfahren könnte man zur schrittweisen weiteren Annäherung fortführen, indem man eine dritte Durchbiegungslinie unter Benutzung der Ausschläge der zweiten aufzeichnet und dann die Korrektur aus $Y_{1\,\max}$ und $Y_{2\,\max}$ nochmals durchführt. Die Korrektur liegt aber meist schon außerhalb der erreichbaren Zeichengenauigkeit, so daß die zweite Korrektur für die Praxis entbehrlich ist. Das beschriebene Verfahren ist in Abb. 36 in der Berechnung der Eigenfrequenz einer Turbinenwelle durchgeführt. Obgleich diese Welle auf beiden Seiten überhängende Enden hat, bestehen keine Bedenken, das erläuterte Berechnungsverfahren anzuwenden. Das linke Ende ist zwar verhältnismäßig lang, da die Enden aber sehr leicht sind, ist deren Einfluß auf das Schwingungsverhalten des starken Mittelteiles sicher gering. Das gleiche gilt für das stärkere, aber kürzere Ende auf der Gegenseite. Um sich der vorausgesetzten Ähnlichkeit der statischen und dynamischen Durchbiegungslinie mehr zu nähern, kehrt man die Kraftrichtung der außerhalb der Lager liegenden Gewichte schon bei der Ermittlung der statischen Durchbiegungslinie um, läßt sie also nach oben wirken. Bei der Aufzeichnung der zweiten Durchbiegungslinie wurde das an zweiter Stelle erwähnte Verfahren gewählt, also $\omega = 1000$/sec eingesetzt. Die neuen Maßstäbe sind in der Zeichnung links unten erläutert. Im vorliegenden Falle ergibt die zweite Annäherung eine um 8% höhere Eigenfrequenz als die erste. Für die Praxis ist die Erkenntnis vollkommen ausreichend, daß die Eigenschwingungszahl zwischen 3900 und 4280/min und zwar wesentlich näher an dem letzten Wert liegt.

Bei Wellen mit überhängenden Enden, deren Massen für die Eigenschwingungszahl von Bedeutung sind, z. B. Pumpen- oder Turbinenwellen mit einem freifliegenden Rad, sind die bisher erläuterten Methoden nicht ohne weiteres anzuwenden; es muß auf die einschlägige Literatur verwiesen werden [*15, 16, 21*]. Folgende Fälle sind leicht lösbar:

1. Kann man eine Welle mit freifliegendem Rad auf das einfache Belastungsschema A.II (Tab. 4) zurückführen, so ist die Eigenfrequenz durch die Formel der Tabelle sofort gegeben. Dabei muß aber das Trägheitsmoment der Welle durchlaufend etwa gleich sein (oder so angenommen werden), und das Eigengewicht der Welle gegenüber dem Radgewicht gering. Außerdem wirde bei dieser Rechnung der Einfluß der Kreiselrad-Wirkung vernachlässigt.

Für die Welle einer Kreiselpumpe nach Abb. 37 kann man ein Näherungsverfahren nach Hütte I, 26. Aufl., S. 440 anwenden. Die Welle wird zur Berechnung in ein Zweimassensystem (nach Abb. 37b) verwandelt, wobei man die Ersatzmassen m_1 und m_2 und die mittleren Trägheitsmomente J_1 und J_2 nach der tatsächlichen Ausführung einschätzen muß. Wenn dies schwer fällt, muß man zunächst für die Welle ohne m_2 und dann ohne m_1 mit der graphischen Methode die Durchbiegung und daraus die Eigenfrequenz bestimmen. Dann ist m_1, m_2 und J_1, J_2 so zu berechnen, daß die Formeln für Einzelmassen und durchlaufendes Trägheitsmoment (Tab. 4, A.II und A.III) die gleiche Eigenfrequenz ergibt.

Als nächste Stufe sind die Einflußzahlen zu bestimmen:

$$f_{11} = \frac{l^3}{48\,E\,J_1}\,, \qquad f_{22} = \frac{l \cdot a^2}{3\,E\,J_1}\left(1 + \frac{a}{l}\,\frac{J_1}{J_2}\right)$$

und $$f_{12} = -\,\frac{a\,l^2}{16\,E\,J_1}\,, \qquad \text{außerdem der Faktor } \delta = \frac{m_2}{m_1}\,.$$

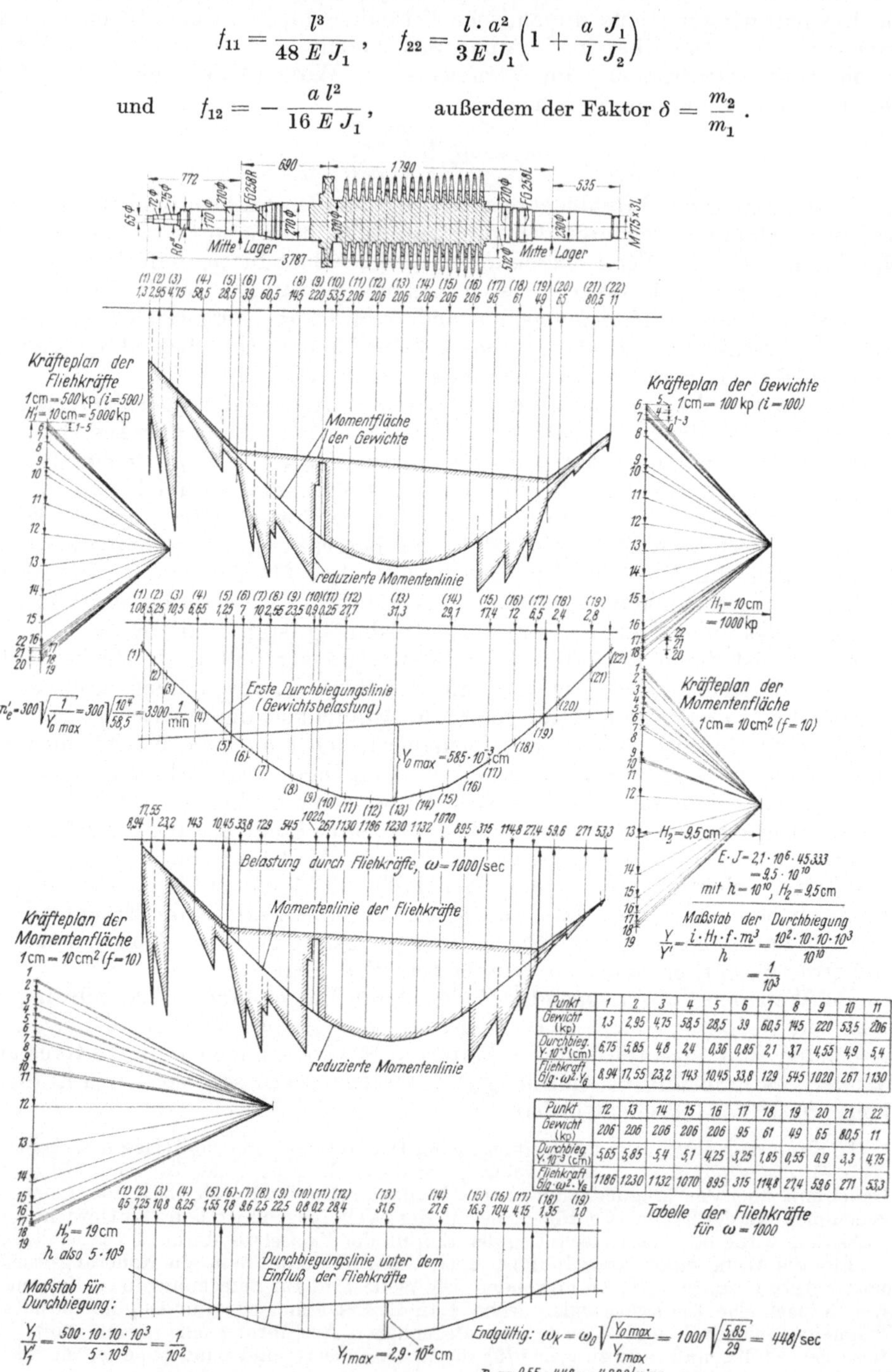

Punkt	1	2	3	4	5	6	7	8	9	10	11
Gewicht (kp)	1,3	2,95	4,75	58,5	28,5	39	60,5	145	220	53,5	206
Durchbieg. $Y \cdot 10^{-3}$ (cm)	6,75	5,85	4,8	2,4	0,36	0,85	2,1	3,7	4,55	4,9	5,4
Fliehkraft $G/g \cdot \omega^2 \cdot Y_G$	8,94	17,55	23,2	143	10,45	33,8	129	545	1020	267	1130

Punkt	12	13	14	15	16	17	18	19	20	21	22
Gewicht (kp)	206	206	206	206	206	95	61	49	65	80,5	11
Durchbieg $Y \cdot 10^{-3}$ (cm)	5,65	5,85	5,4	5,1	4,25	3,25	1,85	0,55	0,9	3,3	4,75
Fliehkraft $G/g \cdot \omega^2 \cdot Y_G$	1186	1230	1132	1070	895	315	114,8	27,4	59,6	271	53,3

Abb. 36. Graphische Berechnung der Eigenschwingungszahl einer Turbinenwelle.

Daraus die beiden Lösungen

$$Z_{I,II} = \frac{f_{11} + \delta \cdot f_{22}}{2} \pm \sqrt{\frac{(f_{11} - \delta \cdot f_{22})^2}{4} + (\delta \cdot f_{12}^2)} \,.$$

Die beiden möglichen Eigenschwingungszahlen der Welle sind dann:

$$n_e = \frac{9{,}55}{\sqrt{m_1 Z_I}} \quad \text{und} \quad n_e = \frac{9{,}55}{\sqrt{m_1 Z_{II}}} \,. \tag{35}$$

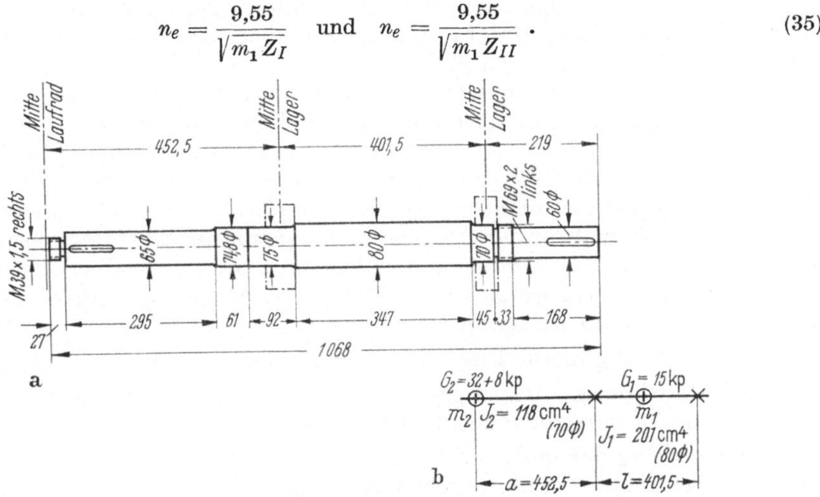

Abb. 37a u. b. Pumpenwelle mit freifliegendem Rad (a) mit Schema zur Berechnung (b).

Für die Welle nach Abb. 37 sind die Rechnungsgrundlagen:

$a = 45{,}25$ cm, $l = 40{,}15$ cm,

$J_2 = 118$ cm^4 (Mittel 70 ∅), $J_1 = 201$ cm^4 (Mittel 80 ∅).

Massen nach dynamischen Gesichtspunkten geschätzt:

$$\left.\begin{aligned} G_2 &= 32 + 8 \text{ kg}, \quad m_2 = \frac{40}{981} = 0{,}0408 \text{ kg sec}^2/\text{cm} \\ G_1 &= \quad 15 \text{ kg}, \quad m_1 = \frac{15}{981} = 0{,}0153 \text{ kg sec}^2/\text{cm} \end{aligned}\right\} \frac{m_2}{m_1} = \delta = 2{,}67 \,.$$

Nun wird:

$$f_{11} = \frac{40{,}15^3}{48 \cdot 2{,}1 \cdot 10^6 \cdot 201} = 3{,}2 \cdot 10^{-6} \,,$$

$$f_{22} = \frac{40{,}15 \cdot 45{,}25^2}{3 \cdot 2{,}1 \cdot 10^6 \cdot 201}\left(1 + \frac{45{,}25}{40{,}15}\,\frac{201}{118}\right) = 190 \cdot 10^{-6} \,,$$

$$f_{12} = \frac{-\,45{,}25 \cdot 40{,}15^2}{16 \cdot 2{,}1 \cdot 10^6 \cdot 201} = -\,10{,}9 \cdot 10^{-6} \,,$$

$$Z_{I,II} \cdot 10 = \frac{3{,}2 + 2{,}67 \cdot 190}{2} \pm \sqrt{\frac{(3{,}2 - 2{,}67 \cdot 190)^2}{4} + 2{,}67 \cdot (10{,}9)^2} \,,$$

$$Z_I = 507{,}5 \cdot 10^{-6} \,, \quad Z = 2{,}6 \cdot 10^{-6} \,.$$

Die Eigenschwingungszahlen sind:

$$n_{e_I} = \frac{9{,}55}{\sqrt{0{,}0153 \cdot 507{,}5 \cdot 10^{-6}}} = 3440 \text{ min}^{-1} \,,$$

$$n_{e_{II}} = \frac{9{,}55}{\sqrt{0{,}0153 \cdot 2{,}6 \cdot 10^{-6}}} \sim 47700 \text{ min}^{-1} \,.$$

Aus der Gleichung für Z ist ersichtlich, daß der Wert für Z_{II} etwas unsicher ist. Sicher ist aber, daß $n_{e_{II}}$ so hoch liegt, daß Resonanzen nicht zu erwarten sind.

B. Drehschwingungen

Jede Welle mit einer beliebigen Anzahl träger Massen und dazwischenliegenden drehelastischen Wellenstücken wird unter dem Einfluß eines plötzlichen Drehimpulses in Drehschwingungen versetzt. Einmal angestoßene Eigenschwingungen klingen durch die Dämpfung rasch ab, wenn aber harmonische Drehmomente im System wirken, so entstehen dadurch erzwungene Schwingungen. Wenn durch das System ein schwankendes Drehmoment hindurchgeleitet wird, so entsteht zunächst durch das mittlere Drehmoment eine konstante mittlere Verdrehung (die oft zur Messung der übertragenen Leistung benutzt wird). Die überlagerten Schwankungen verursachen in der Welle zusätzliche Verdrehungen im gleichen Takt, deren Größe aber nicht nur von der Amplitude der Schwankungen, sondern auch von dem Verhältnis der erregenden Frequenz zur Eigenfrequenz des Systems abhängen. Auch hier entstehen bei Resonanz, d. h. bei Übereinstimmung der beiden Frequenzen theoretisch unendlich große Ausschläge, praktisch werden sie durch die im System wirkende Dämpfung bestimmt.

Die Berechnung dieser Erscheinungen gliedert sich in zwei Aufgaben:

1. Die Bestimmung der Eigenschwingungszahl, bzw. bei Systemen mit mehr als 2 Massen der verschiedenen Eigenschwingungszahlen.

2. Ermittlung der in dem System wirkenden Erregung nach Stärke und Frequenz, wobei letztere von größter Bedeutung ist.

Für die erste Aufgabe muß man das System zunächst so vereinfachen und verwandeln, daß es aus einer Kette von schwingungsfähigen Massen und den zwischen ihnen liegenden elastischen Wellenstücken besteht.

Die Elastizität wird entweder durch den Steifigkeitsfaktor c bestimmt, der das Drehmoment für eine Verdrehung des Wellenstückes um die Winkeleinheit darstellt:

$$c = \frac{J_p \cdot G}{l} \quad \text{[vgl. S. 30, Gl. (21)]}\,.$$

Vielfach definiert man auch die Drehsteifigkeit des Wellenstückes durch die entsprechende Länge einer Welle mit einer dem System besonders eigenen reduzierten Trägheitsmoment. $J_{p\,\mathrm{red}}$. Diese reduzierte Länge ergibt sich aus der Gleichung:

$$\frac{l_{\mathrm{red}} \cdot M_0}{J_{p\,\mathrm{red}} \cdot G} = \frac{M_0 \cdot l}{J_p \cdot G}\,, \quad \text{d. h.} \quad l_{\mathrm{red}} = l \cdot \frac{J_{p\,\mathrm{red}}}{J_p}\,. \tag{36a}$$

Besteht ein Wellenstück aus Abschnitten verschiedener Durchmesser, so ermittelt man den Steifigkeitsfaktor c aus der Gleichung:

$$\frac{1}{c} = \frac{1}{c_1} + \frac{1}{c_2} + \frac{1}{c_2} + \cdots \frac{1}{c_n} \tag{36b}$$

oder die reduzierte Länge aus:

$$l_{\mathrm{red}} = \sum \left(l_n \frac{J_{p\,\mathrm{red}}}{J_{p\,n}}\right) = \sum l_{n\,\mathrm{red}}\,. \tag{36c}$$

(Bezüglich Berücksichtigung von Keilnuten, Nabensitzen vgl. S. 30.)

Von großer Bedeutung ist die Ermittlung der elastischen Länge einer Kurbelkröpfung, insbesondere bei der Berechnung der innerhalb des Motors wirksamen Torsionsschwingung (meistens die Eigenschwingung II. Grades des Systems). Von den zahlreichen angegebenen Näherungsformeln hat sich für größere Kurbelwellen die von Geiger als die zuverlässigste erwiesen.

Die auf $I_{p\,\text{red}}$ bezogene elastische Länge einer Kröpfung ist

$$L_{\text{red}} = L_1 + L_2 + L_3 .$$

Dabei ist:

$$L_1 = \text{Wellenzapfen-Anteil} = (L_w + 0{,}4\,h) \cdot \frac{I_{p\,\text{red}}}{I_{p\,w}} ,$$

$$L_2 = \text{Schenkelanteil} = 0{,}773\,(r - z \cdot Dw) \cdot \frac{I_{p\,\text{red}}}{I_{p\,s}} ,$$

$$L_3 = \text{Kurbelzapfen-Anteil} = (L_k + 0{,}4\,h) \cdot \frac{I_{p\,\text{red}}}{I_{p\,k}} .$$

und

L_w = Länge des Wellenzapfens [cm],
$I_{p\,w}$ = sein pol. Trägheitsmoment,
L_k = Länge des Kurbelzapfens,
$I_{p\,k}$ = sein pol. Trägheitsmoment,

$I_{p\,s}$ = aequatoriales Trägheitsmoment des Schenkelquerschnitts $= \dfrac{h \cdot b^3}{12}$.

Außerdem:

$z = 0$ für $b/D_w = 1{,}6 - 1{,}63$ und $r/D_w = 1{,}2 - 0{,}92$,
$z = 0{,}4$ für $b/D_w = 1{,}49$ und $r/D_w = 0{,}84$.

Wenn, wie üblich, die Kröpfungslänge auf I_{pw} bezogen wird und $I_{pw} = I_{pr}$ ist, so entfallen die entsprechenden Faktoren für L_1 und L_3.

Im übrigen wird auf Abb. 86 auf S. 76 verwiesen.

Für die heute erforderlichen exakten Berechnungen ist diese Formel natürlich nicht genügend zuverlässig. Die wahre elastische Länge kann man recht genau durch einen Verdrehversuch (in einer Vorrichtung oder in der Grundplatte gelagert) feststellen oder man rechnet sie zurück aus Schwingungsmessungen an ausgeführten Maschinen, die aus der Resonanz die genaue Lage der Eigenfrequenz des Motorenteiles ergeben.

Von den schwingenden Massen muß man das Massenträgheitsmoment T [kp cm sec²] kennen. Es ist z. B. gegeben durch:

$$T = \frac{G\,D^2\,[\text{kpm}^2] \cdot 10^4}{4\,g} \quad (g = 981\ \text{cm/sec}^2) . \tag{37}$$

Fast alle auf den Wellen befestigte Massen sind Drehkörper und lassen sich aus Ringen zusammensetzen. Deren Massenträgheitsmoment ist

$$\Delta T = \frac{\pi \cdot \gamma \cdot b(D^4 - d^4)}{g \cdot 32000} \quad [\text{kp /cm sec}^2] , \tag{38a}$$

dabei ist γ in kp/dm³ einzusetzen, b = Breite in cm, dgl. alle anderen Maße in cm. Diese Formel entspricht

$$\Delta T = \frac{\Delta G}{g} \cdot \frac{D^2 + d^2}{8} . \tag{38b}$$

ΔG = Gewicht des Ringteiles in kp.

Bei der Berechnung der Massen eines Kurbeltriebwerkes ist zu berücksichtigen daß die oszillierenden Massen bei Drehschwingungen der Kurbelwelle *nicht* beteiligt sind, wenn die Kurbel im oberen oder unteren Totpunkt steht, aber fast voll beteiligt, wenn Treibstange und Kurbel einen Winkel von 90° bilden. Es hat sich hier als ausreichend erwiesen, als Mittelwert den halben Betrag der oszillierenden Massen zu dem rein rotierenden Anteil des Triebwerks zu addieren, d. h. Kurbel + evtl. Gegengewicht + rotierender Anteil der Treibstange. Letzterer beträgt bei Tauchkolbenmaschinen etwa 2/3, bei Kreuzkopfmaschinen mit Gabelstange 50 bis 52% der Gesamtmasse der Treibstange.

Die Berechnung der Dreheigenfrequenzen einfacher Systeme

a) Masse gegen feste Masse bzw. übergroße Gegenmasse (Abb. 38)

$$\omega_e^2 = \frac{c}{T} = \frac{J_p \cdot G}{l \cdot T}. \tag{39}$$

b) Zweimassen-System (Abb. 39)

$$\omega_e^2 = c\left(\frac{1}{T_1} + \frac{1}{T_2}\right) = c\,\frac{(T_1 + T_2)}{T_1\,T_2} = \frac{J_p \cdot G}{l} \cdot \frac{T_1 + T_2}{T_1 \cdot T_2}. \tag{40}$$

c) Dreimassen-System (Abb. 40).

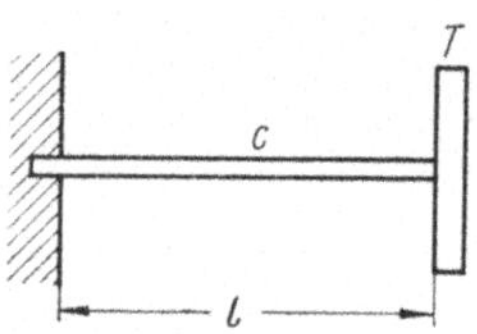

Abb. 38. Schema: Drehschwingungs-System mit einer Masse.

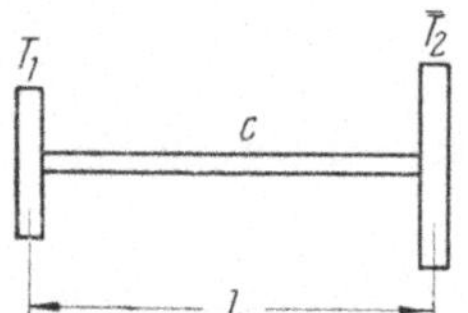

Abb. 39. Schema: Drehschwingungs-System mit zwei Massen.

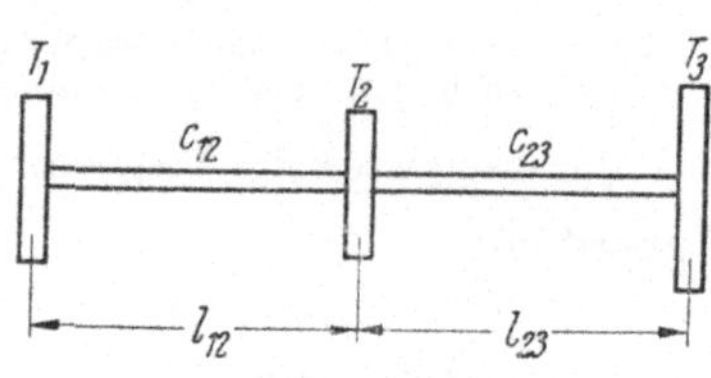

Abb. 40. Schema: Drehschwingungs-System mit drei Massen.

Die Eigenfrequenzen errechnen sich aus der quadratischen Bestimmungsgleichung:

$$\omega_e^4 - \omega_e^2\left[c_{12}\left(\frac{1}{T_1} + \frac{1}{T_2}\right) + c_{23}\left(\frac{1}{T_2} + \frac{1}{T_3}\right)\right] + c_{12} \cdot c_{23}\left[\frac{1}{T_1\,T_2} + \frac{1}{T_2\,T_3} + \frac{1}{T_1\,T_3}\right] = 0. \tag{41}$$

(Für c_{12} und c_{23} kann man die entsprechenden Werte $\frac{J_p \cdot G}{l}$ einsetzen.)

d) Systeme mit Zahnrad-Übersetzung, wobei die Verzahnung als starr angenommen wird (Abb. 41).

Wir führen ein: Übersetzungsverhältnis $\frac{r_1}{r_2} = i$ und fassen T_2' und T_2'' zusammen zu $T_2 = T_2' + i^2\,T_2''$, weiterhin

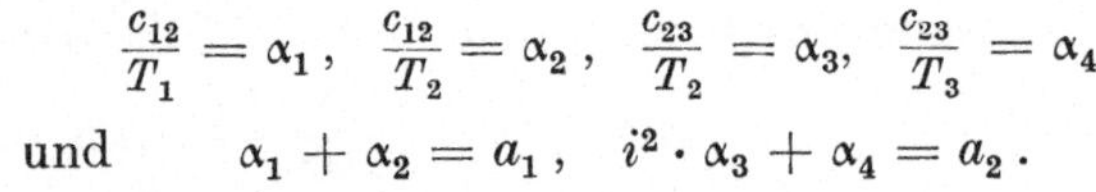

$$\frac{c_{12}}{T_1} = \alpha_1, \quad \frac{c_{12}}{T_2} = \alpha_2, \quad \frac{c_{23}}{T_2} = \alpha_3, \quad \frac{c_{23}}{T_3} = \alpha_4$$

und $\quad \alpha_1 + \alpha_2 = a_1, \quad i^2 \cdot \alpha_3 + \alpha_4 = a_2.$

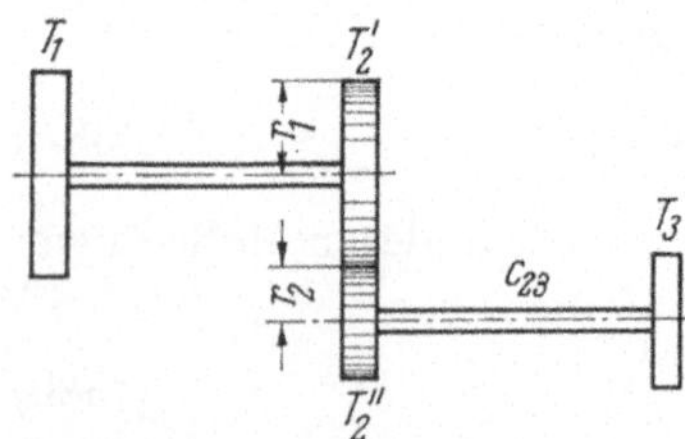

Abb. 41. Schema: Drehschwingungs-System mit vier Massen mit in der Mitte eingefügter starrer Übersetzung.

Dann ist die Bestimmungsgleichung für die Eigenfrequenz:

$$\omega_e^4 - \omega_e^2\,(a_1 + a_2) + (a_1 \cdot a_2 - i^2\,\alpha_2 \cdot \alpha_3) = 0. \tag{42}$$

Für alle Systeme mit mehr als 3 Massen ergeben sich komplizierte Bestimmungsgleichungen, so daß man zu zeichnerischen oder rechnerischen Probierverfahren greifen muß. Sie gründen sich auf die Gleichgewichtsbedingungen an jeder Masse

$$(\alpha_{n-1} - \alpha_n) \cdot \frac{J_{p\,\mathrm{red}} \cdot G}{l_{(n-1)\cdot n}} + \alpha_n\,T_2 \cdot \omega^2 + (\alpha_{n+1} - \alpha_n)\,\frac{J_{p\,\mathrm{red}} \cdot G}{l_{n(n+1)}} = 0 \tag{43}$$

und der Forderung, daß für die Eigenfrequenz gelten muß:

$$\sum \alpha_n \cdot T_n \cdot \omega_e^2 = 0. \tag{44}$$

Bezüglich weiterer Einzelheiten muß auf die umfangreiche Literatur hingewiesen werden [*19—21* u. *23*]. Sie beschäftigt sich besonders mit der Schwingungsberechnung der vielzylindrigen Kolbenmaschinen, bei denen eine Schwingungsrechnung unerläßlich ist. Unter den verschiedenen Einzelproblemen ist zunächst die Aufgabe zu erwähnen, die einzelnen Elemente des Systems erst einmal der Rechnung anzupassen, z. B. die Längenreduktion der Kröpfungen der Kurbelwellen. Wo eine genaue Berechnung nicht möglich ist, muß man sich auf empirisch ermittelte Formeln oder Messungen an der Welle selbst oder einer Modellkröpfung stützen.

Der zweite Teil der Schwingungsrechnung hat sich mit der Ermittlung der Frequenz und Stärke der erregenden Kräfte zu befassen. Die im System wirkenden Drehmomente zeigen stets eine mit der Drehzahl zusammenhängende Frequenz. Die im Drehkraft-Diagramm klar erkennbare Impulszahl mit n-Perioden pro Umdr. ist als *Haupt-Erregende* der n-ten Ordnung anzusehen. Es sind aber noch weitere Erregende in dem Drehkraftdiagramm verborgen, die durch harmonische Analyse aufgedeckt werden müssen. Im allgemeinen liegen heute ausreichende Unterlagen über die Stärke der einzelnen Harmonischen bei den verschiedenen Arten von Kolbenmaschinen vor, zum mindesten deren Verhältnis zueinander, ihre Frequenz ist stets ein Vielfaches der Drehzahl. Die Aufgabe der Schwingungsrechnung ist nun, nachzuprüfen, daß niemals eine der möglichen Eigenfrequenzen mit einer Erregerfrequenz übereinstimmt, die eine störende Resonanzschwingung verursacht. Zwischen der Haupt-Erregenden und der Grund-Eigenfrequenz sollte erfahrungsgemäß ein Abstand von etwa 20% sein.

Die im Resonanzfall auftretenden Schwingungsausschläge und die daraus resultierenden zusätzlichen Beanspruchungen lassen sich nicht sicher vorausberechnen, da sie von der schwer bestimmbaren Dämpfung abhängen. Durch Messungen im Betrieb sind aber zahlreiche Erfahrungsgrundlagen geschaffen worden. Für deren Übertragung auf andere Verhältnisse gelten folgende Überlegungen:

Die von den erregenden Kräften in das schwingende System eingeleitete Arbeit muß gleich sein der Arbeit, die an Stellen, wo Dämpfung wirkt, verzehrt wird. Wird die Dämpfung überall als proportional der Schwingungsgeschwindigkeit angenommen, d. h. Dämpfungsmoment gleich $\frac{\varepsilon\, d_\alpha}{dt}$, so gilt die Arbeitsgleichung

$$\Sigma\,(E_n \cdot \alpha_n) = \omega\;\Sigma\,(\varepsilon_n \cdot \alpha_n^2)\,, \tag{45}$$

wobei E_n = Amplitude der erregenden Kraft und ε_n = Dämpfungsfaktor an der Stelle n ist.

Da bei der Resonanz-Schwingung das Verhältnis der einzelnen Schwingungsausschläge zueinander bekannt ist, genügt diese eine Gleichung zur Bestimmung aller Ausschläge. Setzt man z. B. alle Ausschläge ins Verhältnis zu α_1, d. h. $\alpha_n = \eta_n \cdot \alpha_1$, so ergibt sich aus der Arbeitsgleichung:

$$\alpha_1 = \frac{\Sigma\,(E_n \cdot \eta_n)}{\omega\;\Sigma\,(\varepsilon_n \cdot \eta_n^2)}\,. \tag{46}$$

Wenn die erregenden Kräfte alle in einer Phase wirken (einschl. 180° Phasenversetzung) so handelt es sich im Zähler um eine Summe skalarer Größen, andererseits ist die vektorielle Addition anzuwenden. Daraus geht hervor, daß bei Motoren mit z-Zylindern, bei denen die Kurbeln um $\frac{360°}{z}$ versetzt sind, die z-te Ordnung die stärkste Erregende ist, da deren Vektoren alle in einer Richtung liegen. Dies gilt aber nur für Schwingungsformen, bei denen der Knotenpunkt weit außerhalb der Kurbelwelle liegt. Liegt andererseits der Knotenpunkt nahezu in der Mitte, wodurch die Phasenlage der Ausschläge rechts und links vom Knotenpunkt entgegengesetzt ist, so ist die Erregung durch die z-te Ordnung nahezu Null. Dafür treten aber dann andere sonst harmlose Erregungen wesentlich stärker auf.

Aus den nach dieser Methode vorausberechneten oder den praktisch gemessenen Ausschlägen ergeben sich nun nach den Formeln (47a), (47b) und (48) die zusätzlichen Schwingungsbeanspruchungen im System, die also als wechselnde Beanspruchungen sich der Beanspruchung durch das mittlere Drehmoment überlagern. Zur Entscheidung, welche Zusatzbeanspruchung ohne Gefährdung der Anlage zulässig ist, bedarf es langjähriger Erfahrung.

Als Anhaltspunkt können die neuerdings herausgegebenen Vorschriften der Klassifikationsgesellschaften herangezogen werden. In [*17*] sind z. B. folgende Grenzwerte angegeben:

Für Anlagen mit einer konstanten Drehzahl n_s (stationäre Anlagen oder Hilfsgeneratoren auf Schiffen): Im Drehzahlbereich 0,94 bis 1,1 n_s

$$\tau_{w1} = \pm\,(212 - 0{,}14\,d) \text{ in kp/cm}^2\,,$$

wobei d = der betreffende Wellendurchmesser in mm ist.

Sofern eine Kritische beim Abstellen oder Anfahren durchfahren werden muß, so darf die Zusatzbeanspruchung dabei keinesfalls den Wert

$$\tau_{w2} = 5{,}5\,\tau_{w1}$$

überschreiten.

Es wird empfohlen, daß das maximale Wechseldrehmoment in der Generatorwelle im Betriebsbereich nicht das zweifache, beim Durchfahren einer Kritischen nicht das 6fache Vollastdrehmoment überschreitet.

Für Schiffsantriebsanlagen liegen die Verhältnisse ganz anders, da

1. sie möglichst im ganzen Betriebsbereich von 0,25 — 1,1 n_s fahren sollen und
2. mit abnehmender Drehzahl das mittlere Drehmoment und auch die Erregenden und deren Frequenz abnehmen.

Grundsätzlich soll im ganzen Betriebsbereich bis n_s die Zusatzbeanspruchung möglichst nicht über den Wert steigen

$$\tau_{ws} = \pm\,(315 - 0{,}22\,d)\,(1{,}6 - r^2)\,.$$

r ist dabei das Verhältnis n/n_s bzw. n_{Kr}/n_s.

Unterhalb 0,8 n_s ist eine Kritische zulässig, sofern deren Beanspruchung nicht den Wert $2 \cdot \tau_{ws}$ überschreitet. In diesem Fall ist ein Sperrbereich zwischen den Drehzahlen

$$\frac{16\,n_{Kr}}{18 - r} \quad \text{und} \quad \frac{(18 - r)\,n_K}{16}$$

festzulegen und auf dem Tachometer besonders zu markieren.

Oberhalb n_s wird eine Grenzwertkurve nach der Formel

$$\tau_{w3} = \pm\,(190 - 0{,}13\,d)\,(1 + 5\sqrt{r - 1})$$

zugelassen.

Bei der Benutzung dieser Formeln ist folgendes zu beachten:

a) Die Grenzwerte gelten für einen Normalstahl von 42 bis 50 kp/mm² Festigkeit. Bei höherwertigen Stählen ist man wohl berechtigt, sie im Verhältnis der Drehwechsel-Festigkeit zu erhöhen.

b) Bei der Ermittlung der tatsächlichen Schwingungsbeanspruchung darf man den Anteil abziehen, der vom erregenden Drehmoment selbst erzeugt wird[1].

c) Spannungserhöhungen durch Kerben, ungünstige Übergänge usw. müssen selbstverständlich berücksichtigt werden (s. Kap. I).

Wenn man einer gefährlichen Resonanz nicht ausweichen kann, z. B. bei Maschinen mit großem Drehzahlbereich, bei Schiffs- und Fahrzeugmotoren, so bleibt nur übrig, die Kritische durch verstärkte bzw. zusätzliche Dämpfung in erträglichen Grenzen zu halten. Bezüglich Theorie und Konstruktion der Dämpfer wird auf die einschlägige Literatur verwisen [*18*, *22*].

Ergänzend zu diesen Betrachtungen und den Berechnungsanweisungen sei noch auf folgende Grundsätze hingewiesen, die zur Beurteilung von Drehschwingungen wichtig sind.

1. Beim Zweimassen-System verhalten sich die Ausschläge der beiden Massen umgekehrt wie ihre Trägheitsmomente.

2. Unter Schwingungsform verstehen wir das Schema des Systems, auf der Abszisse die Abstände der Massen in den reduzierten elastischen Längen, auf der Ordinate die Ausschläge der einzelnen Massen. Die Verbindungslinie dieser Ausschläge ist dann die „Schwingungsform". Die wahre Größe der Ausschläge ist dabei belanglos, sondern nur das Verhältnis der Ausschläge zueinander.

3. Ein System mit n-Massen mit $n - 1$ dazwischen liegenden elastischen Längen hat $(n - 1)$ verschiedene Eigenfrequenzen mit je einer bestimmten Schwin-

[1] Anweisungen für die recht komplizierten Rechnungen fehlen noch. Im Bedarfsfalle muß dieser Passus mit Lloyds geklärt werden.

gungsform. Für die Eigenfrequenz x-ten Grades hat diese x Knotenpunkte, d. h. Stellen, wo der Ausschlag 0 ist.

4. Nur bei Resonanz schwingt das System in der Schwingungsform der entsprechenden Eigenfrequenz. Bei erzwungenen Schwingungen außerhalb der Resonanz ergibt sich eine andere Schwingungsform, die von der Größe, Lage der Angriffspunkte und Phase der erregenden Kräfte bestimmt ist.

5. Bei einer durch *eine* erregende Kraft erzwungene Schwingung sind die Ausschläge stets proportional dieser Kraft. Greifen mehrere Kräfte an, so lassen sich die Ausschläge stets als Summe der von den Einzelkräften erregten Ausschläge darstellen (Gesetz der linearen Superposition).

6. Das gleiche gilt auch im Resonanzfall, solange die Dämpfungsfaktoren konstant bleiben. Da die Unterlagen über Größe und Wirkungsart der Dämpfungskräfte sehr mangelhaft sind, ist man bezüglich der wahren Größe der Resonanz-Ausschläge auf Erfahrungswerte und spätere Messungen angewiesen.

7. Bestimmt man durch Meßgeräte (Torsiographen) den wahren Ausschlag an einer Stelle des Systems während der Resonanz, so kann man die Schwingungsbeanspruchung in jedem Wellenstück ermitteln. Mißt man bei der Resonanzfrequenz ω_e an einer Endmasse T_n, an der keine Erregung angreift, den Ausschlag α_{nw}, so ist das Drehmoment im anschließenden Wellenstück:

$$M_D = \alpha_{nw} \cdot T_n \, \omega_e^2 \tag{47a}$$

und die Beanspruchung

$$\tau_w = \frac{M_D \cdot 16}{\pi \, d^3}, \tag{47b}$$

wobei der kleinste Durchmesser des betreffenden Wellenstückes einzusetzen ist.

Für ein anderes Wellenstück, z. B. zwischen den Massen T_3 und T_4, die in der gezeichneten Schwingungsform die Ausschläge α_4 und α_3 haben, ist das wirksame Schwingungsmoment:

$$M_{D\,3,4} = (\alpha_4 - \alpha_3) \cdot \frac{\alpha_{nw}}{\alpha_n} \cdot \frac{J_{p\,\mathrm{red}} \cdot G}{l_{\mathrm{red}}}\,. \tag{48}$$

Die Beanspruchung errechnet sich wie oben.

Das größte Drehmoment liegt an der Stelle, wo die Neigung der Schwingungsform am größten ist, da der Faktor:

$$\frac{(\alpha_n - \alpha_{n-1})}{l_{\mathrm{red}\,(n \cdot n-1)}}$$

die Tangente des Neigungswinkels darstellt. Damit ist aber nicht besagt, daß die höchste Beanspruchung an dieser Stelle liegt, dies hängt ja von dem wahren Wellendurchmesser an dieser Stelle ab.

C. Längsschwingungen von Kurbelwellen [*24—26*]

Ein Berechnungsverfahren für die Ermittlung der Eigenschwingungszahlen eines Wellensystems einer Schiffsanlage gemäß Abb. 42 läßt sich verhältnismäßig einfach entwickeln, und zwar aus der vorher erläuterten Berechnungsmethode für Drehschwingungen, wobei statt der Kette der rotierenden Massen und drehelastischen Wellenstücke eine Pendelkette von Massen und längselastischen Wellenstücken eingesetzt wird.

Bei der Festlegung des Ersatzsystems entstehen folgende Probleme:

1. Die Längselastizität einer Kröpfung kann man wohl vorausberechnen, aber sehr unsicher. Besser ist es, bei einer vorhandenen Kröpfung unter hydraulischer Belastung den c-Wert empirisch zu ermitteln.

2. Die Beurteilung, welche freie Schwingungsform auftritt. Es liegt nahe, das Drucklager als Festpunkt anzunehmen. Dies ergibt die Grenzbedingung, daß an dieser Stelle der Ausschlag = 0 ist. Eine vollständig starre Drucklagerbefestigung ist aber nicht möglich; dies wird schon dadurch bewiesen, daß vom Propeller ausgehende Schubschwankungen oft Längsschwingungen in der Kurbelwelle erregen. Man rechnet am besten das System für die beiden extremen Annahmen durch:

a) vollständig starres Drucklager, also dieses als Knotenpunkt,

b) Drucklager ganz frei, d. h. das System Kurbelwelle mit Wellenleitung und Propeller wird als freischwingendes System behandelt.

Nach vorliegender Erfahrung verhalten sich die beiden Eigenfrequenzen ersten Grades dieser Systeme etwa wie 1:1,4 und die tatsächliche Resonanzschwingung tritt etwa bei der Frequenz 1,06 bis 1,12 des Systems nach 2a ein.

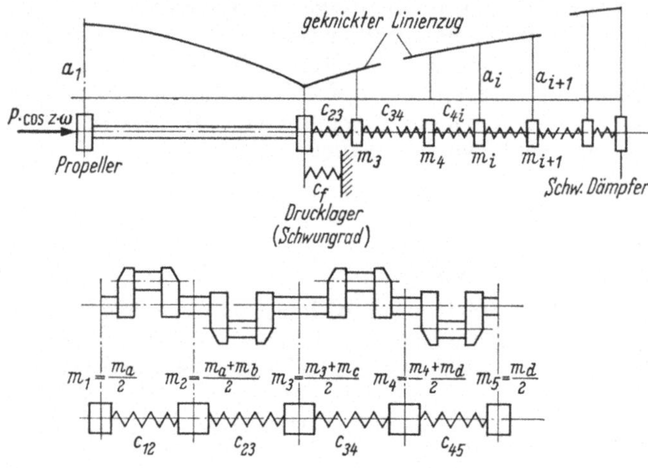

Abb. 42. Schema zur Berechnung von Längsschwingungen.

3. Die Frage, welche erregenden Kräfte können nun merkliche bzw. gefährliche Resonanzen erzeugen.

Am stärksten machen sich die Erregungen durch eine starke Drehkritische in der Kurbelwelle bemerkbar. Die Verdrehung der Kurbelwelle unter dem Einfluß der Schwingungsmomente erzeugt eine Verformung der Kurbeln in Längsrichtung. Diese Verformung bewirkt eine Erregung mit der gleichen, teilweise auch der doppelten Frequenz wie eine Drehkritische. Liegt diese in der Nähe der Eigenfrequenz der Längsschwingung, so kann eine heftige Resonanz auftreten. Auch bei größeren Abständen dieser beiden Eigenfrequenzen werden erhebliche erzwungene Längsschwingungen hervorgerufen, deren Ausschlagkurve sich im Charakter sehr an diejenige der Drehschwingungen angleicht.

Auch die radiale Belastung der Kurbel durch den Zünddruck ruft eine Axialbewegung der Wellenzapfen hervor. Bei einer Kurbel eines Motors mit 465mm Durchmesser wurde im Stillstand bei der Belastung durch den höchsten Zünddruck von 55 kp/cm² eine Vergrößerung des Schenkelabstands um 0,5 mm gemessen. Im Betrieb wird diese Bewegung durch die dynamischen Einflüsse erheblich geringer sein. Diese Erregung hat die Impulse Drehzahl × Zylinderzahl (bei gleichmäßigem Kurbelabstand). Entsprechende Resonanzen wurden bei Motoren mit großen Zylinderzahlen (9—12) festgestellt.

Schließlich kommt noch die Erregung durch Schubschwankungen des Propellers in Betracht, deren Impulszahl Drehzahl × Flügelzahl und ein Mehrfaches davon beträgt. Diese wurde auch in verschiedenen Fällen beobachtet.

Zur Beurteilung der zusätzlichen Wellenbeanspruchung wird aus dem gemessenen Endausschlag und der berechneten Schwingungsform die max. Änderung des Schenkelabstandes ermittelt (vgl. S. 99). Die zusätzliche Beanspruchung errechnet sich dann nach einer für diese Zwecke geeigneten Formel von KJAER:

$$\sigma_B = \frac{500000 \cdot d \cdot f}{R\,(L + 1{,}5\,R)}\,.$$

σ_B = Biegebeanspruchung im Kurbelzapfen [kp/cm²],
d = Kurbelwellendurchmesser [mm],
f = Schenkelmaßdifferenz (doppelte Amplitude) gemessen im Abstand R mm vom Kurbelzapfen,
L = Länge des Kurbelzapfens [mm].

Als zulässig wird eine zusätzliche Beanspruchung von 50 kp/cm² erachtet.

Eine andersgeartete Näherungsformel ist im Kap. VIII (S. 100) angegeben, sie ist dann besser geeignet, wenn die Kurbelwangen verhältnismäßig schmal sind.

III. Die konstruktive Ausführung

Nach der Festlegung der Hauptabmessungen muß die Welle so ausgebildet werden, daß sie an jeder Stelle den Anforderungen des Gesamtbauwerkes entspricht. Bei den Oberflächen haben wir es mit Sitzflächen, Laufflächen und freien Oberflächen zu tun. Im allgemeinen wird jede Welle aus geschmiedetem Material schon auf Grund ihrer Herstellung vollkommen bearbeitet, nur bei einfachen Transmissionswellen kann man die freie Oberfläche unbearbeitet lassen, wie sie als gewalzte oder komprimierte Wellen angeliefert werden. Je höher die Beanspruchung und die Drehzahl der Welle, desto sorgfältiger muß die Bearbeitung sein, d. h. glatt und riefenfrei, bei höchsten Ansprüchen geschliffen und poliert, besonders an allen unvermeidlichen Kerbstellen. Genaue zentrische Bearbeitung ist bei hohen Drehzahlen wegen der Gefahr einer Unwucht zu beachten. Für die Sitz- und Laufflächen versteht sich eine saubere Bearbeitung mit den entsprechenden Toleranzen der DIN-Passungen, wobei heute auch meistens geschliffen wird.

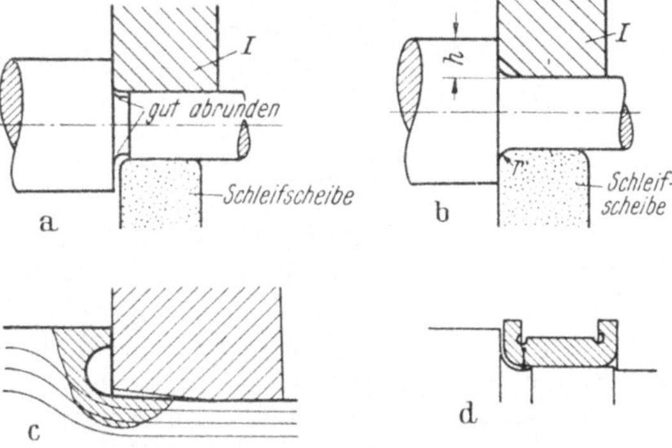

Abb. 43a—d. Abrundung an abgesetzten Wellen.

Für die Sitzflächen kommt Haftsitz bis Schrumpfsitz in Betracht, für die Laufflächen enger bis weiter Laufsitz nach DIN. Da heute meistens nach dem System Einheitsbohrung gearbeitet wird, liegen die betreffenden Abmaße vom Grundmaß in der Welle. Zwischen den einzelnen Flächen entstehen nun Abstufungen, z. T. sind sie dadurch bedingt, daß für die seitliche Fixierung Schulterflächen benötigt werden. Der Übergang zu einer Schulterfläche bzw. einem Bund muß stets gut ausgerundet sein, es ist ein Abrundungsradius von $\frac{d}{10}$ anzustreben (vgl. Abb. 15—17). Bei Platzmangel Ausführung nach Abb. 43.

Bei hoher Beanspruchung ist ein elliptischer Übergang oder noch besser ein kegeliger Übergang zu wählen (β_K wird dann 1,1 bis 1,2 für St 50). Die Kerbwirkung einer Querbohrung kann durch Verstärken der Welle im Bereich der Bohrung ausgeglichen werden, auf jeden Fall müssen die Austrittskanten der Bohrungen gut abgerundet werden.

Zum Fixieren oder Abdichten sind oft Eindrehungen in kantiger Form notwendig. Deren Kerbwirkung kann durch Eindrehen von Entlastungskerben vor und hinter den Eindrehungen etwas ausgeglichen werden (s. Abb. 44).

Will man z. B. für Sicherungsringe nach DIN 471/72 Nuten an Stellen erheblicher Beanspruchung anbringen, so ist es zu empfehlen, entgegen den DIN-Angaben diese im Nutengrund auszurunden. Um trotzdem einen sicheren Sitz des Ringes auf der belasteten Seite zu erreichen, soll der Nutengrund etwas nach der Lastseite tiefer gelegt werden. Eine weitere Reduktion der Kerbwirkung kann durch Eindrehen der obenerwähnten Entlastungsnuten erzielt werden, wie in Abb. 44 angedeutet ist.

Gewindegänge entlasten sich in gewissem Maße selbst, auf gute Abrundungen im Gewindegrund, saubere Herstellung und einwandfreie Übergänge ist besonders zu achten. Bei Querbohrungen dürfen Gewinde keinesfalls bis zur Außenfläche gehen, sie müssen so weit versenkt werden, daß sie erst unterhalb der erforderlichen Abrundung beginnen.

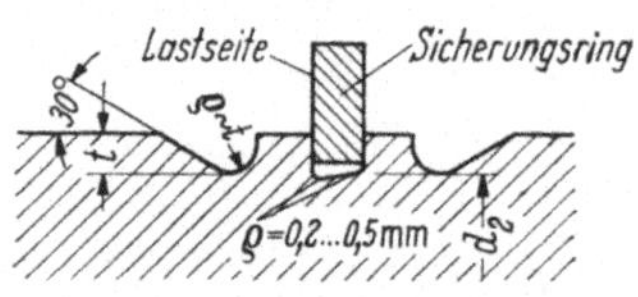

Abb. 44. Nut für Sicherungsring mit Entlastungsnuten.

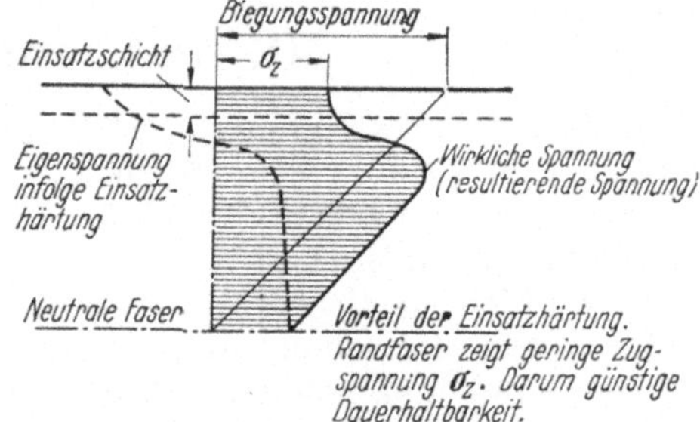

Abb. 45. Wirkung der Härtespannung in der Einsatzschicht.

Ein gutes Mittel zur Steigerung der Dauerfestigkeit bietet eine besondere Oberflächenbehandlung, wie Walzen durch Rollen, Kugelstrahlen oder Hämmern.

Kommt man wegen Verschleißgefahr, Stoßbeanspruchung oder wegen der Laufeigenschaften in den Lagern (z. B. Bronze) nicht mit der Härte normaler Stähle aus (ca. 130 Brinell), so muß man zu einem Härtungsverfahren greifen, es sei denn, daß man zu einem noch festeren Stahl mit hoher Vergütung und entsprechender Härte übergeht. Das übliche und sehr wirksame Härteverfahren ist die Einsatzhärtung, womit man eine Oberflächenhärte von 63 bis 67 Rockwell erreicht. Die wichtigsten Merkmale dieses Verfahrens sind:

1. Zu verwenden ist ein spezieller Einsatzstahl, möglichst rein und mit einem C-Gehalt von nicht mehr als 0,12%. Man unterscheidet unlegierte Einsatzstähle bei denen man die höchste Härte erreicht, aber nur eine Kernfestigkeit von 50 bis 60 kp/mm². Legierte Einsatzstähle (mit Cr, Ni teilweise Va) weisen eine große Zähigkeit und Kernfestigkeit auf, erreichen aber meist nicht die obenerwähnte Härte des normalen Einsatzstahles.

2. Die Stücke werden in Kohle abgebende Härtepulver eingepackt und längere Zeit geglüht, so daß die Außenschicht Kohlenstoff aufnimmt und härtbar wird (Einsetzen). Je nach der Dauer des Einsetzens schwankt die Tiefe der aufgekohlten Schicht zwischen 0,5 bis 3,5 mm. Soll ein Teil der Welle weich bleiben, z. B. damit nachträglich ein Gewinde aufgeschnitten oder eine Bohrung ausgeführt werden kann, so muß man entweder diesen Teil durch eine Schutzschicht vor dem Aufkohlen bewahren oder man gibt an dieser Stelle vor dem Einsetzen eine Materialzugabe von 3 bis 4 mm, die man nach dem Einsetzen (d. i. vor dem Härten) wegdreht.

3. Der Vorgang des Härtens ruft in der Härteschicht und der Übergangsschicht beträchtliche innere Spannungen hervor. Die Gefahr des Verziehens ist groß und

muß berücksichtigt werden. Dünnwandige Stücke härten durch und können zerspringen. Anderseits ist die hohe Druckspannung der Härteschicht ein großer Vorteil für wechselbeanspruchte Wellen, weil sie gefährliche Spannungsspitzen reduziert (vgl. Abb. 45). Wenn allerdings trotz der Druckvorspannung ein Anriß in der Härteschicht entsteht, so schreitet er wegen der vollständigen Störung des Gleichgewichtes sehr schnell fort.

Der Einsatzhärtung sehr ähnlich ist die Nitrierhärtung, die Oberfläche wird hier nicht durch Aufkohlung und anschließende Zementitbildung gehärtet, sondern durch Aufnahme von Stickstoff durch längeres Glühen in Stickstoff und Bildung von Nitrit. Auch hier sind speziell legierte Stähle notwendig, deren Kernfestigkeit höher liegt, als bei normalen Einsatzstählen (80 bis 95 kp/mm^2). Die erreichbare Härte liegt höher als bei allen anderen Härteverfahren (ca. 500 bis 1000 Brinell), die Härteschicht ist allerdings sehr dünn, 0,3 bis 0,5 mm. Die Druckspannung in dieser Schicht ist außerordentlich hoch, dadurch auch die Schutzwirkung gegen Anrisse. Die Dauerfestigkeit nitrierter Wellen ist in gekerbtem Zustande fast so hoch, wie diejenige des glatten polierten Stabes (s. Tab. 2). Das bedeutet, daß man bei nitrierten Wellen fast die doppelte Beanspruchung mit gleicher Sicherheit zulassen kann, wie bei unnitriertem Material.

Neuerdings hat sich das sogenannte Brennhärte-Verfahren zur Oberflächenhärtung von Wellen sehr eingeführt. Es handelt sich um eine besonders gesteuerte Abschreckhärtung, der Werkstoff muß also von vornherein einen gewissen C-Gehalt (mind. 0,4%) aufweisen. Dies trifft z. B. zu für St45, St60, St70, 42 Cr Mo 4 und andere Sonderstähle (vgl. Tab. 2 u. 3).

Das Verfahren wurde in Deutschland besonders von den Deutschen Edelstahlwerken unter dem Namen Doppelduro-Härtung eingeführt. Durch scharf wirkende Gas-Sauerstoff-Brenner wird die langsam in der Vorrichtung gedrehten Welle an der Oberfläche erhitzt, wobei der Temperaturverlauf unter genauester Beobachtung gesteuert wird. Dicht hinter der Flamme folgt eine scharfe Abkühlung durch eine gleichmäßig verteilte Wasserbrause. Sie bewirkt eine Härtung und Bildung von Martensit mit allmählichem Übergang zum unbeeinflußten Material. Die Härtungstiefe ist je nach der Steuerung der Erhitzung 2 bis 5 mm, die Härte an der Außenschicht ist 55 bis 60 Rockwell. Das Verfahren ist mit entsprechenden Vorrichtungen sehr wirtschaftlich und ermöglicht die billige Massenherstellung von gehärteten Wellen. Es hat sich für die Wellen von hochbeanspruchten Motoren, bei denen man wegen des Versagens der besten Lager-Weißmetalle auf Bleibronzelager übergehen mußte, als unentbehrlich erwiesen. — Dieser „Flammenhärtung" ist praktisch ähnlich das induktive Härteverfahren, das in USA, unter dem Namen „Tocco-Verfahren" eingeführt wurde. Die rasche Erhitzung geschieht hierbei durch hochfrequente Ströme, deren Energie durch Induktion übertragen wird.

Man kann schließlich in Betracht ziehen, Wellenteile durch Hartverchromen mit einer harten Oberfläche zu versehen. Dabei ist aber eine gewisse Vorsicht notwendig. Zunächst ist zu bedenken, daß die Chromschicht bei etwa 450° sehr an Härte verliert und daß sie gegen Schlagwirkung und Beanspruchung auf Abscheren sehr empfindlich ist. Schließlich ist ja die dünne Chromschicht nur widerstandsfähig, wenn auch das Grundmaterial eine gewisse Härte besitzt. Für Wellen aus hochvergüteten Stählen ist das Verchromen gefährlich, da die chemischen Wirkungen der verschiedenen Bäder die Dauerfestigkeit herabsetzen.

Ergänzend zu den Ausführungen auf S. 22 sei noch bemerkt, daß das Verchromen keinen sicheren Schutz gegen Korrosion bietet, wenn die Stücke dauernd von der angreifenden Flüssigkeit bespült werden. Die Chromschicht hat nämlich ein Netz von ganz feinen Adern, sie wird mit der Zeit an diesen mikroskopisch feinen Trennlinien durchdrungen, so daß Unterrostung mit üblen Folgen eintreten kann.

Nach den bisherigen Erfahrungen gibt es keinen galvanisch oder im Spritzverfahren aufgebrachten Überzug, der einen sicheren Schutz gegen aggressive Flüssigkeiten gewährleistet.

A. Die Befestigung von Scheiben, Radkörpern, Kupplungsnaben usw. auf den Wellen

Man unterscheidet formschlüssige (Keil-Paßfeder Keilnut usw.) und kraftschlüssige Verbindungen von Wellen und Naben. Formschlüssige Verbindungen bedingen meist hohe Spannungsspitzen und sind daher für Wechselbeanspruchungen schlecht geeignet (Abb. 46). Hochfeste Stähle sind in dieser Beziehung besonders empfindlich. Man muß damit rechnen, daß deren höhere Festigkeit sich bei solchen Verbindungen wegen der stärkeren Kerbwirkung überhaupt nicht auswirkt.

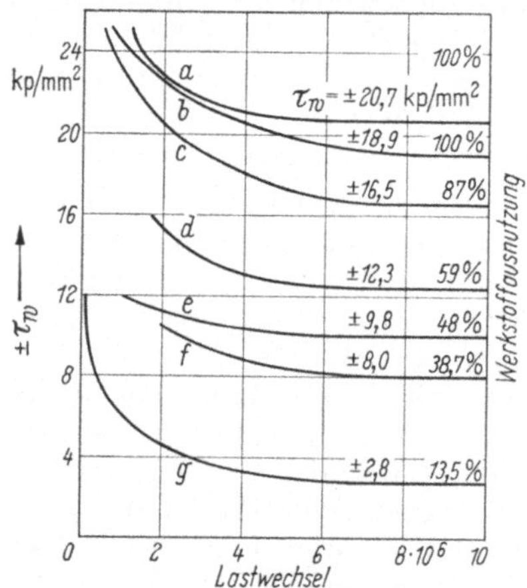

Abb. 46. Wöhler-Kurven für Naben-Wellen-Verbindungen (nach E.-A. CORNELIUS [29]). *a* glatte Welle, St50, Dmr. 60 (G. MANNESMANN); *b* glatte Welle, St50, Dmr. 14 (P. SCHMIDT); *c* Ringfeder-Spannelement, 3 Ringpaare, St50, Dmr. 14 (P. SCHMIDT); *d* Preßpassung H7/x6, St50, Dmr. 60 (G. MANNESMANN); *e* Welle mit Nut und Paßfeder, St50, Dmr. 60 (S. BERG); *f* Welle mit Konus und Paßfeder, St50, Dmr. 60 (S. BERG); *g* Kerbverzahnung, St50, Dmr. 60 (S. BERG).

Solange das zu übertragende Drehmoment im Verhältnis zum Wellendurchmesser am Sitz gering ist, und auch keine Stoßbeanspruchungen auftreten, genügt Festsitz, gesichert durch Paßfeder nach DIN 496. Je nach den in Längsrichtung wirkenden Kräften wird man zur seitlichen Sicherung eine Stellschraube, Stellring DIN 705 oder Seegerring DIN 471 benutzen; vorzuziehen ist, daß der Radkörper in der Kraftrichtung stets durch Anliegen an einen Schulterbund gesichert ist. Die Paßfeder muß in der Welle und in der Nabe seitlich gut passen, soll aber nicht mit Spannung oben in der Nut anliegen. Sie wird gewöhnlich durch Versenkschrauben in der Welle befestigt, um die Montage zu erleichtern. Zu beachten ist, daß die Keilnut die Festigkeit und Steifigkeit der Welle beeinträchtigt, für wechselbeanspruchte Wellen Keilnuten abrunden, vgl. Abb. 21. Wenn in dem Sitz nur ein Bruchteil des Wellendrehmomentes übertragen wird, so wählt man besser einen etwas kleineren Keil, als die DIN-Tabelle für den betreffenden Wellendurchmesser angibt.

Für Transmissionen, wo die Beanspruchung gering ist, dagegen schnelle Montage anzustreben ist, werden Treibkeile, bzw. Nasenkeile nach DIN 490 bis 493 verwendet. Die Vorspannung durch den Keil kann einen richtigen Preßsitz nicht ersetzen, dagegen besteht die Gefahr, daß das aufzukeilende Stück verzogen wird, wenn es nicht genügend steif ist.

Bei Kolbenmaschinen mit schwankendem Drehmoment und Schwingungsgefahr werden große schwere Rotoren meist mit Preßsitz aufgezogen und durch doppelte Tangentialkeile nach DIN 271, evtl. auch DIN 268 gesichert. Wenn man auf eine Lösung der Nabe oder Scheibe von der Welle verzichten kann, so ist die sicherste Verbindung der Schrumpfsitz (DIN E 7182, 7190).

Da zahlreiche Untersuchungen der Schrumpfverbindung gewidmet sind [*27*, *28*] seien hier nur kurz die vereinfachten Berechnungsformeln für einen Schrumpfsitz angegeben.

Das übertragbare Drehmoment ist:

$$M_D = 2\pi r^2 \cdot l \cdot \mu \cdot p\,, \tag{49}$$

wobei

l = Schrumpflänge,
μ = Reibungsfaktor, bei Stahl 0,22–0,26,
p = Radiale Pressung in der Schrumpffläche (vgl. Abb. 47).

Man muß dabei mit erheblichen Sicherheiten rechnen, da Reibungsfaktor und die durch das Schrumpfmaß gegebene Pressung von Bearbeitungstoleranzen abhängen. Die Schrumpfpressung p ist bestimmt durch die ursprüngliche Maßdifferenz zwischen der Welle und der Bohrung des Ringes $2\,\Delta r$, d. h. durch das sogenannte Schrumpfmaß:

$$\alpha = \frac{2\,\Delta r}{2\,r} = \frac{\Delta r}{r}\,.$$

Mit den Verhältnissen $\delta_1 = \frac{r_1}{r_0}$, $\delta_2 = \frac{r_2}{r_1}$ ist für den Fall gleicher Werkstoffe und E-Modul E und bei Vernachlässigung der Querkontraktion:

$$p = \frac{\alpha \cdot E}{\frac{\delta_1^2 + 1}{\delta_1^2 - 1} + \frac{\delta_2^2 + 1}{\delta_2^2 - 1}} \tag{50}$$

Für massive Wellen ($r_0 = 0$) ist $\frac{\delta_1^2 + 1}{\delta_1^2 - 1} = 1$ zu setzen.

Die höchste Zugbeanspruchung tritt als Tangentialspannung an der Innenseite des Ringes auf und beträgt:

$$\sigma_t = p \cdot \frac{\delta_2^2 + 1}{\delta_2^2 - 1}\,. \tag{51}$$

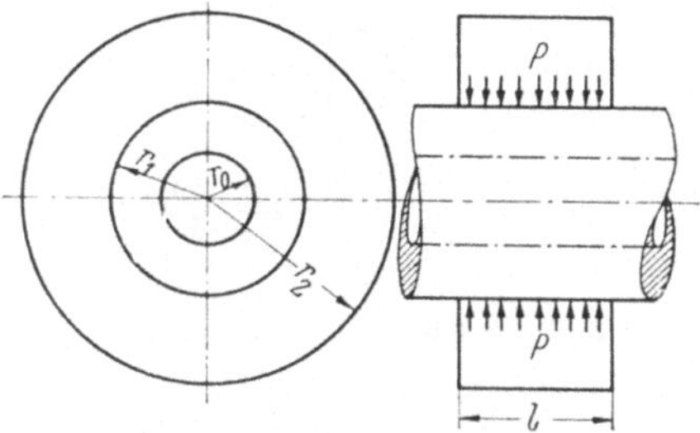

Abb. 47. Schema für Schrumpfsitz.

Bei wichtigen, voll beanspruchten Schrumpfsitzen, d. h. wo das zu übertragende Drehmoment nahe an das zulässige Drehmoment der Welle herankommt, geht man mit σ_t bis an die Streckgrenze. Selbst eine geringe Überschreitung ist zulässig, da die innere Spannungsspitze durch Verformung abgebaut wird. Bei massiven Wellen liegt dann das Schrumpfmaß bei etwa $-\frac{1{,}7}{1000}$ bzw. $\frac{1}{588}$ (vgl. Kap. VII, S. 90). Man beachte jedoch, daß der für voll elastisches Verhalten errechnete Spannungsverlauf im Ringteil ganz anders verläuft, wenn in seinem inneren Teil eine plastische Verformung eintritt. Beim Aufschrumpfen von Zahnkränzen oder Bandagen sollte mit Rücksicht auf die Zahnfuß-Festigkeit die Schrumpfspannung σ_t nicht über $0{,}35\,\sigma_s$ gewählt werden. Ein richtig ausgeführter Schrumpfsitz bedarf keiner weiteren Sicherung durch Feder oder Sicherungsbolzen, sie ist eher als nachteilig zu betrachten, da durch den Ausschnitt die höchstbeanspruchte Faser angeschnitten wird.

Sehr oft benötigt man einen soliden, gegen jede Erschütterung unempfindlichen Festsitz, der aber leicht lösbar sein muß (z. B. zum Einbau von Wälzlagern und dgl.). Dazu eignet sich der Konus-Sitz nach DIN 749/50, s. auch Abb. 108.

Damit der Konus einwandfrei sitzt, muß er aufgeschliffen bzw. auftuschiert werden, wobei besonders darauf zu achten ist, daß die Zentrierung genau beibehalten wird. Als normale Konuswinkel kommen in Betracht (vgl. DIN 254): Konus 1:5, Seitenwinkel 5° 42,6', Konus 1:10, Seitenwinkel 2° 51,7'.

Ein Nachteil der Konusbefestigung ist, daß die Teile in Längsrichtung nicht genau festgelegt sind, denn die seitliche Lage ist von den Toleranzen der Konusse an Welle und Nabe und von der Stärke des Anzuges abhängig. Zum Anziehen und Sichern benutzt man eine kräftige Mutter, bei größeren Abmessungen kommt man mit dem Anziehen durch die Mutter nicht aus, um einen strammen Sitz zu erreichen, man wärmt dann die Nabe etwas an. Als zusätzliche Sicherung wird meist eine Feder eingesetzt.

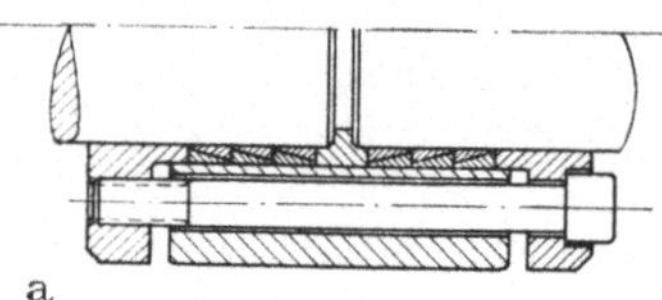

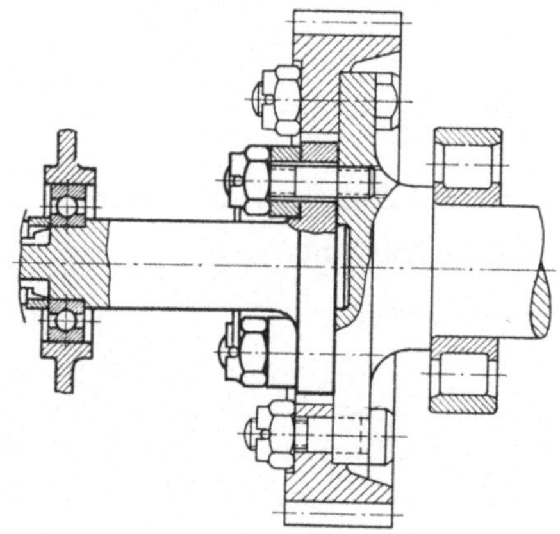

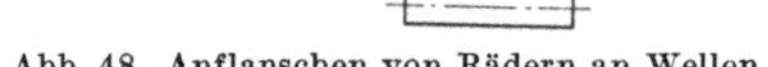
Abb. 48. Anflanschen von Rädern an Wellen.

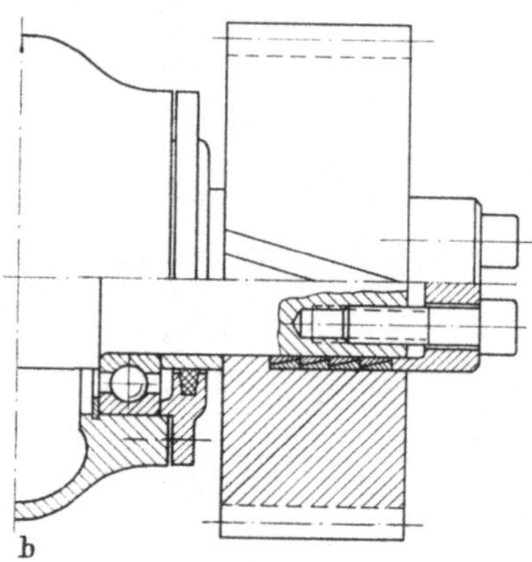

Abb. 49a u. b.

Alle die genannten Festsitze haben den Nachteil, daß ihre Lösung umständlich und bei großen Objekten schwere Abzugsvorrichtungen bzw. Pressen benötigen. Die Nabe des aufzuziehenden Teiles muß kräftig genug sein; um die Spannung für den Sitz auch zu halten. Wenn bei hochbeanspruchten Festsitzen kleine Bewegungen vorkommen, tritt der sog. Passungsrost auf. Zusammen mit Kantenpressungen, die Spannungsspitzen erzeugen, kann dies leicht zu Dauerbrüchen führen [*29*].

Alle diese Nachteile werden vermieden, wenn man die Räder gemäß Abb. 48 anflanscht. Die Vorteile dieser Ausführung sind: leichte Lösbarkeit, einwandfreie spannungsfreie Zentrierung; man kann schließlich den Sitzdurchmesser erweitern, um über Wellenteile größeren Durchmessers bzw. aufgezogene Wälzlager überstreifen zu können. Der technische Aufwand ist größer, da man den Flansch an die Welle anschmieden, und die Befestigungslöcher bohren und aufreiben muß.

Die Berechnung der Befestigungsschrauben erfolgt nach der Scherbeanspruchung:

$$\tau_s = \frac{M_D \cdot 2 \cdot 4}{d_1 \cdot n \cdot d_0^2 \cdot \pi} = \frac{8\, M_D}{d_1 \cdot n \cdot \pi \cdot d_0^2}\,. \tag{52}$$

n = Anzahl der Schrauben,
d_0 = Paßdurchmesser,
d_1 = Teilkreisdurchmesser.

Ohne zwingende Gründe sollte man τ_s nicht größer als 200 kp/cm² einsetzen, damit hat man die Sicherheit, daß die richtig angezogenen Schrauben schon durch die Anpressung und die Reibung das Drehmoment halten. Liegt man durch andere konstruktive Forderungen unter diesem Wert, so kann man dementsprechend die Anzahl der Paßschrauben vermindern. Die Stärke der Befestigungsflanschen sollten bei Stahl etwa gleich dem Paßschrauben-Durchmesser sein, bei Gußeisen etwa das 1,5fache.

In den letzten Jahren erschien die Ringfeder-Spannverbindung, eine Reibschlußverbindung, die sich in vielen Fällen als eine ideale Wellen-Nabenverbindung erweist. Es werden zwei Kegelbüchsen, oder mehrere Sätze derselben, durch hohe Spannkräfte ineinandergeschoben. Mit ihren Außen- und Innenflächen pressen sie sich dann an Nabe und Welle und erzeugen eine der Schrumpfung entsprechende Preßspannung (s. Abb. 49) [*30, 31*].
Die Vorteile dieser Verbindung sind:

Sie weist die geringste Kerbwirkung aller bisher bekannten Verbindungen auf (Abb. 46), ist also wenig empfindlich gegenüber dynamische Beanspruchungen.

Sie ist leicht zu montieren, die winkelgenaue Einstellung der Nabe ist ohne weiteres möglich, die Rundlaufgenauigkeit ist gut, höchstens 0,04 mm Fehler.

Sie ist leicht zu lösen, wiederholte Montage ist möglich.

Konstruktiv ist zu beachten, daß die Oberflächen der Naben und der Wellen sowie die Nabenwandstärke für die hohen Preßspannungen bzw. Tangentialspannungen geeignet sein müssen.

Die axiale Spannkraft soll immer am drehmomentenfreien Ende der Welle angebracht werden, wobei mehrere Spannschrauben günstiger wirken als eine zentrale Spannmutter. Ist die Nabe durch Längskräfte belastet (z. B. Rad mit Schrägverzahnung) so bringe man die Spannkraft an der Welle an. Spannsätze und Spannelemente sollen nicht unter Lagerlaufstellen sitzen, da die Dehnung der Nabe das Lagerspiel erheblich verringern kann.

B. Wälzlagersitze

Besonderer Beachtung bedarf die Befestigung von Wälzlagern auf den Wellen. Da alle Einzelheiten über deren Verwendung und Montage in dem Band 4 dieser Konstruktionsbücher [*32*] behandelt sind, soll hier nur auf einen wichtigen Punkt hingewiesen werden. Es ist eine weitverbreitete Ansicht, daß der Sitz der Laufringe ein leichter Festsitz sein soll, wobei je nach Durchmesser der Sitz j_5 oder k_5 vorgesehen wird. Diese Sitze genügen bei größeren stark belasteten Lagern nicht, insbesondere bei Rollenlagern mit umlaufender Belastung. Es besteht die Gefahr, daß der Innenring durch die Eigenart der Belastung lose wird und sich dann durch Einwalzen stark in die Welle eingräbt, wodurch schwerste Störungen und ein Wellenbruch vorkommen können. Für diese Verhältnisse wird für Wellendurchmesser von 100 bis 200 mm der Sitz n_6, für noch größere Lager p_6 vorgeschlagen. Je nach den Betriebsverhältnissen (Temperatur, Belastungsverlauf, Sitz) müssen die Lager dann abnormal mit vergrößertem Spiel ausgeführt werden, worüber man sich mit der Herstellerfirma unter genauer Darlegung der Verhältnisse verständigen muß. Bezüglich der seitlichen Sicherung der Lager und der besonderen wichtigen Abdichtung der Lager wird auf den obengenannten Band verwiesen.

C. Festlegung in Längsrichtung

Im Rahmen des Bauwerkes ist die seitliche Festlegung der Wellen und die Aufnahme einer Seitenkraft zunächst eine Frage der Ausbildung der Lager, deren konstruktive Ausführung im Rahmen dieses Bandes nicht behandelt werden kann. Es sei nur auf einige Punkte hingewiesen, die die Ausführung der Wellen betreffen:

Solange geringe seitliche Kräfte vorliegen, benötigt man zur Führung der Welle nur seitliche Anlaufflächen. Die Tragfähigkeit dieser Flächen hängt in erster Linie von einer reichlichen und zweckmäßigen Schmierung ab. Wenn man durch Zulaufnuten für Zufuhr und Durchlauf von Öl sorgt und evtl. durch leichtes Anschrägen der Flächen an den Nuten für Bildung des Schmierölkeiles sorgt, kann man den Anlaufflächen eine beträchtliche Belastung zumuten. Bei Stahl auf Weißmetall oder Stahl gehärtet auf Bronce bis zu $p \cdot v = 10$ kp/cm² · m/sec.

Es erscheint zunächst am einfachsten, die Anlaufflächen an der Welle als aufgesetzte Bunde auszuführen, dies ist aber aus Gründen der Herstellung oder der Montage oft unzulässig, außerdem fehlt die Einstellmöglichkeit. Diese erreicht man z. B. durch Verwendung von Stellringen nach DIN 705 oder durch Einpassen von Ringen, die sich an einem fest aufgesetzten Stück bzw. einem Wellenbund abstützen. Dieser Ring bzw. Hülse muß aber dann gegen Drehen gesichert sein. Die seitliche Fixierung einer Welle sollte möglichst an beiden Seiten eines Lagers, des Paßlagers, erfolgen, nicht an zwei weit von einander entfernten Stellen, damit Wärmedehnungen und andere Verformungen nicht zum Klemmen und Heißlaufen führen.

Wenn größere Längskräfte aufzunehmen sind, sind ausgesprochene Längslager zu verwenden, wobei die Welle einen angeschmiedeten Druckflansch hat. Bei Schiffsdrucklagern oder bei Wellen hoher Drehzahlen (Turbinen) verwendete man früher allgemein sogenannte Kammlager, bei denen eine Anzahl von Druckkränzen hintereinander angeordnet war. Heute verwendet man fast allgemein das Einscheibenlager der Michell-Bauart. Die ringförmigen Lagerflächen sind in einzelne um eine radiale Achse drehbare Druckklötze unterteilt, die sich so einstellen können, daß sie in die günstigste Stellung für die Bildung eines Ölkeiles kommen können. Man kann solchen Lagern erhebliche Belastungen bis zu etwa 20 kp/cm² zumuten.

Bei Wälzlagerung kommen drei Ausführungen in Betracht:

das Hochschulter-Kugellager (Radiax-Lager),
das Pendelrollenlager,
das einseitige oder doppelseitige Längs-Kugellager.

Bezüglich der Belastungsmöglichkeiten wird auf die Literatur [*32*] hingewiesen. Es muß besonders auf einwandfreie Montage und Fixierung von Außen- oder Innenring geachtet werden. Bei Pendelrollenlagern mit Spannhülsen besteht die Möglichkeit, durch Nachspannen des Hülse das Längsspiel etwas zu regulieren.

Bei Kreiselrad-Maschinen hat man je nach dem Druckunterschied zwischen Druck- und Saugseite mit einem erheblichen Schub zu rechnen. Zum Ausgleich wird auf der Seite des geringeren Druckes ein Ausgleichskolben bzw. Scheibe angebracht, die mit einem zusätzlichen Raum mit dem Druck der Druckseite in Verbindung steht (vgl. Abb. 50). Der Überdruck, der Welle mit Laufrad nach links drücken will, wird über den Kanal b und Raum c zu einem engen Ringspalt geleitet. Die Scheibe s ist mit der Laufradwelle fest verbunden; die Fläche im Raum c ist so bemessen, daß der Überdruck die Scheibe nach rechts bewegen kann, bis der Abfluß durch den Spalt d eine Senkung des Druckes bis zum Gleichgewicht hervorruft. Bei richtiger Bemessung wird erreicht, daß die Welle in Längsrichtung durch „Schwimmen" auf dem Flüssigkeitsspalt festgehalten wird.

D. Abdichtung nach außen

Es sind zwei Aufgaben zu unterscheiden.

1. Verhindern von Ölverlust an den Lagern und Abdichtung gegen Eintritt von Staub und Schmutz in die Lager und den Triebwerksraum.

2. Soweit die Wellen die Wände von Gefäßen durchdringen, die mit Gasen oder Flüssigkeiten unter Druck gefüllt sind, muß gegen Leckagen gesichert werden.

Der erstgenannten Aufgabe wird oft nicht genügend Aufmerksamkeit gewidmet, obwohl Ölverlust aus wirtschaftlichen und betriebstechnischen Gründen sehr unangenehm sind, und durch Eintreten von Schmutz in den Triebwerksraum schwere Schäden und Verschleiß verursacht werden können.

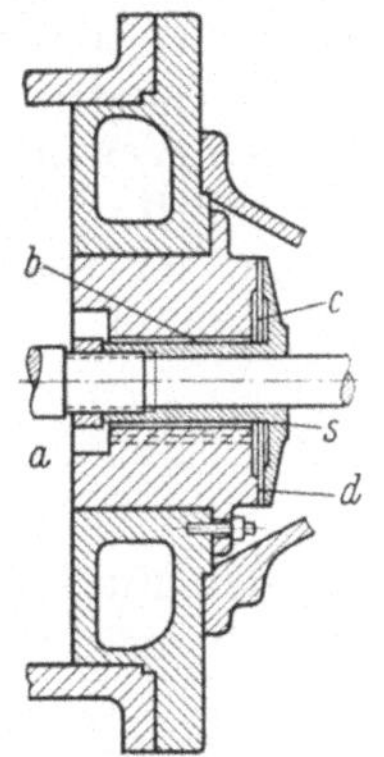

Abb. 50. Ausgleichsscheibe zum Ausgleich des Längsschubes bei Kreiselrad-Maschinen.

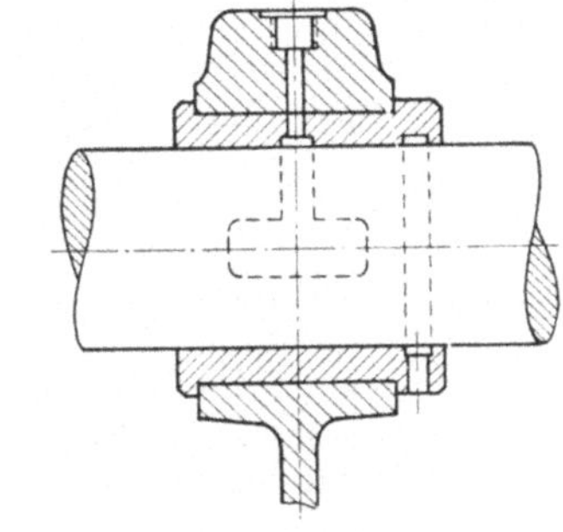
Abb. 51. Fangnuten an druckgeschmierten Lagern.

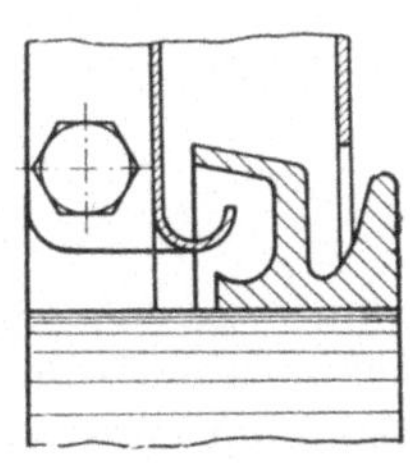
Abb. 52. Spritzring mit Fangblechen.

Solange nicht unter Druck geschmiert wird, also bei Tropf-, Ring- oder Fettschmierung, ist die Abdichtung einfach, insbesondere bei waagerechten Wellen. Wenn keine Verschmutzungsgefahr vorliegt, genügt es, durch Aufsetzen oder Eindrehen eines Spritzringes zu verhindern, daß der Ölfilm längs der Welle ausläuft. Natürlich muß eine Fangnut das abgeschleuderte Öl abfangen. Bei Verschmutzungsgefahr ist aber außerdem eine Abdichtung durch Filzring notwendig, wie sie bei Wälzlagern üblich ist (s. DIN 5419).

Neuerdings verwendet man vielfach durch Schlauchfedern angedrückte Manschetten aus Bunagummi, die als fertige Einbauelemente unter dem Namen Simmer-Ringe bekannt geworden sind, und die heute unter DIN 6503 genormt sind. Über Größe, Einbaumaße und Behandlung siehe die Normen und Techn. Mitteilungen der Simrit-Werke, C. Freudenberg, Weinheim/Bergstr.

Bei Lagern, denen reichlich Öl unter Druck zugeführt wird, genügen die genannten Abdichtungen nicht, es sei denn, daß man vorher das aus den Lagern austretende Öl möglichst abfängt. Dies gelingt z. B. durch Fangnuten mit reichlichem Ablauf nach Abb. 51; die Ausführung hat aber den Nachteil, daß sie abnormale Lager mit größerer Breite erfordert. Dieser Nachteil wird vermieden, wenn man außerhalb des Lagers einen Spritzring mit Abdeckblech anbringt und dahinter die Abdichtung durch Filz- oder Simmer-Ring. Diese Ringe haben aber den Mangel, daß Einbau und Ersatz oft erhebliche Montagearbeiten bedingen. Da je nach Betriebsbelastung mit einem Verschleiß der Ringe zu rechnen ist, haben die Schwierigkeiten eines Ersatzes dann zur Folge, daß nicht mehr auf Ölverluste geachtet wird. In solchen Fällen hilft man sich mit einem sorgfältig ausgebildeten System von Spritzringen und Fangblechen, etwa nach Abb. 52, das sich unter schwierigen Betriebsbedingungen gut bewährt hat.

Zum Abdichten gegen Gase und Flüssigkeiten muß man fast immer eine Stopfbüchse einbauen; nur bei Fett und Öl mit geringen Überdrücken und kleiner Wellendrehzahl (z. B. Handantrieb) kann man mit einer gut passenden Durchführung ohne Stopfbüchse auskommen. Man wird dann die Welle in der Durchführungsbüche einschleifen; zur besseren Abdichtung versieht man die Welle mit einigen Labyrinth-Nuten. Unvermeidliche geringe Lässigkeitsverluste müssen durch Fangnute oder durch Fangschale aufgehalten und unschädlich abgeführt werden.

Wellen mit höheren Drehzahlen können in den Führungen nicht ohne ausreichendem Spiel laufen, diese können also niemals abdichten. Eine Stopfbüchse ist dann unerläßlich. Deren Ausbildung ist ein besonderes Gebiet, dessen Behandlung nicht hierher gehört. Bei der Konstruktion der Welle ist aber auf die Stopfbüchse besonders zu achten. Da die meisten Packungen einen Verschleiß der Welle verursachen, muß die Oberfläche, die in der Stopfbüchse läuft, verschleißfest sein. Bei Pumpen setzt man besondere Verschleißhülsen ein, die raschen Ersatz ermöglichen.

IV. Wellenkupplungen

Sowie aus Gründen der Montage, der Herstellung oder der Funktion der Maschine eine Teilung von Wellen notwendig ist, spielt die Art der gegenseitigen Verbindung eine große Rolle für die Ausführung der Wellen. Die Bauart der Wellenkupplungen selbst kann hier nicht behandelt werden. Dafür wird ein gesonderter Band dieser Hefte geplant, hier sei nur auf die Gesichtspunkte hingewiesen, die für die Konstruktion der Wellen selbst von Bedeutung sind. Es sind folgende Arten von Kupplungen zu unterscheiden:

1. Starre Kupplungen.
   a) Schalen-Kupplung (nach DIN 115).
   b) Scheiben-Kupplung (nach DIN 116).
   c) Flansch-Kupplung (nach DIN 760).
   d) Kupplung durch Hirth-Stirnverzahnung mit axialer Verspannung.
   e) Schrumpfverbindung durch die Stieber-Rollkupplung.
   f) Schrumpfverbindung durch Öldruck lösbar.

2. Längsbewegliche Kupplungen.
   a) Klauen-Kupplungen.
   b) Verzahnungs-Kupplung.
   c) Keilnutenwellen mit Hülsen.
   d) K-Profilwellen mit Hülsen.

3. Winkelbewegliche Kupplungen (teils auch längsbeweglich).
   a) Kreuzgelenk-Kupplung.
   b) Kugelgelenk-Kupplung.
   c) Tacke-Bogenzahn-Kupplung.

4. Ein- und ausrückbare Kupplungen.
   a) Klauen- und Zahn-Kupplungen mit einer verschiebbaren Hülse.
   b) Reibungs-Kupplung mit ebenen und Kegel-Reibflächen.
   c) Lamellen-Reibungs-Kupplungen.
   d) Elektromagnetische Reibungs-Kupplungen.
   e) Flüssigkeits-Kupplungen (s. [*37*]).
   g) Schrumpfverbindung mittels Ringfeder-Elementen.

5. Federnde Kupplungen ohne und mit Dämpfung.
   a) Voith-Maurer-Kupplung.
   b) Bibby-Feder-Kupplung.
   c) MAN-Renk-Hülsenfeder-Kupplung.
   d) Verschiedenartige Gummi-Kupplungen.
6. Freilauf-Kupplungen.

Die beiden Kupplungsarten 1a) und 1b) nach Abb. 53 und Abb. 54 haben den großen Vorteil, daß die Wellen keiner besonderen Verformung unterzogen werden müssen, es ist nur der Sitzdurchmesser anzudrehen und die Keilnute zu fräsen.

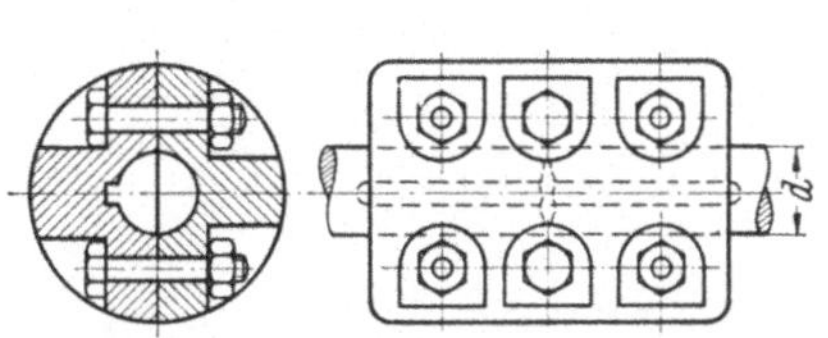

Abb. 53. Schalenkupplung nach DIN 115.

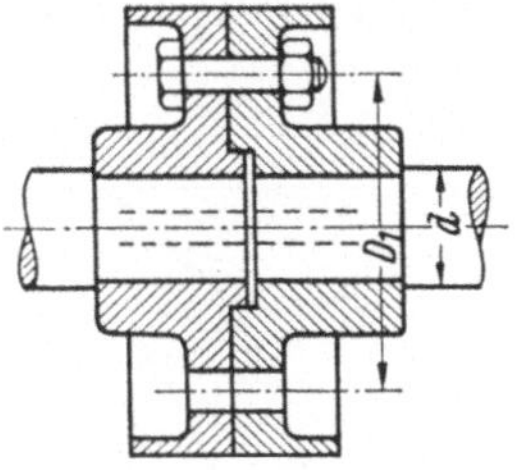

Abb. 54. Scheibenkupplung nach DIN 116.

Sie hindern nicht die Montage von anderen auf die Welle zu bringenden Scheiben, Naben, Wälzlager usw. Dabei ist die *Schalen-Kupplung* am vorteilhaftesten, da sie zuletzt nach dem Einbau der fertig zusammengebauten Wellenstränge aufgesetzt werden kann und den kleinsten Außendurchmesser hat. Für höhere Drehzahlen muß aber auf das Auswuchten dieser Kupplungen besonders geachtet werden, da sie leicht starke Unwuchten aufweisen. Beide Kupplungen haben den Nachteil, daß ihr Sitz auf der Spannung eines Preßsitzes beruht, der durch eine Paßfeder gesichert werden muß. Die Nut beeinträchtigt sehr die Dauerfestigkeit der Welle. Aus diesen Gründen sind die Kupplungen nicht für stark wechselnde oder stoßende Drehmomente geeignet. Eine gewisse Verbesserung des Sitzes läßt sich für die *Scheiben-Kupplung* erreichen, wenn man die Kupplungsflanschen auf Konusse der Wellen aufzieht entsprechend DIN 749/50 (vgl. Erläuterung S. 54).

Preßsitz und Paßfeder kann man vermeiden, wenn man die Kupplungskörper auf die Welle aufschrumpft. Da dieser Sitz kaum ohne Zerstörung der Teile lösbar ist, wird die Demontage von anderen auf der Welle befestigten Teilen sehr erschwert.

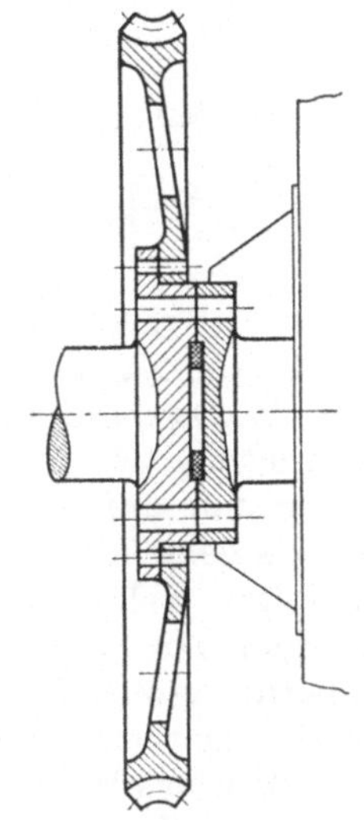

Abb. 55. Flanschkupplung an schweren Wellen.

Die sicherste Verbindung für schwere Beanspruchung ist die *Flansch-Kupplung* 1c) nach Abb. 55, für deren Abmessungen das DIN-Blatt 760 Hinweise gibt. Für die Berechnung der Kupplungsschrauben gelten die Anweisungen S. 54. Ihr Nachteil ist, daß die Flanschen an die Wellen angeschmiedet werden müssen, die Verwendung von normalem Stangenmaterial für die Wellen also unmöglich ist. (Anschweißen der Flanschenden im Schrumpfschweißverfahren kommt nur für untergeordnete Zwecke und kleine Abmessungen in Betracht.) Der angeschmiedete Flansch verhindert außerdem die Montage von Scheiben, Rädern, Wälzlagern usw.; wenn auf beiden Seiten Flanschen notwendig sind, so muß man diese zweiteilig aufsetzen oder auf einen Durchmesser, der größer als der Flanschendurchmesser ist, aufsetzen oder anflanschen (vgl. Abb. 55 u. 56). Für die Lager kommen dann nur geteilte Gleitlager in Betracht, es sei denn, daß man bei kleineren Wellen den Durchmesser des Lagers so groß wie den Flansch ausführt (Abb. 57).

Die konstruktiven Mängel der Flanschkupplungen gaben Anlaß zu verschiedenen Sonderkonstruktionen, von denen zunächst die Verbindung 1d) durch Hirth-*Stirnverzahnung* zu erwähnen [*39*] ist. Dabei werden die Stirnseiten von Hohlwellen bzw. entsprechend erweiterte Wellenenden radialverzahnt, wobei die Zahnform ein gleichseitiges Dreieck ist (Abb. 58). Durch den Gewindebolzen *d*

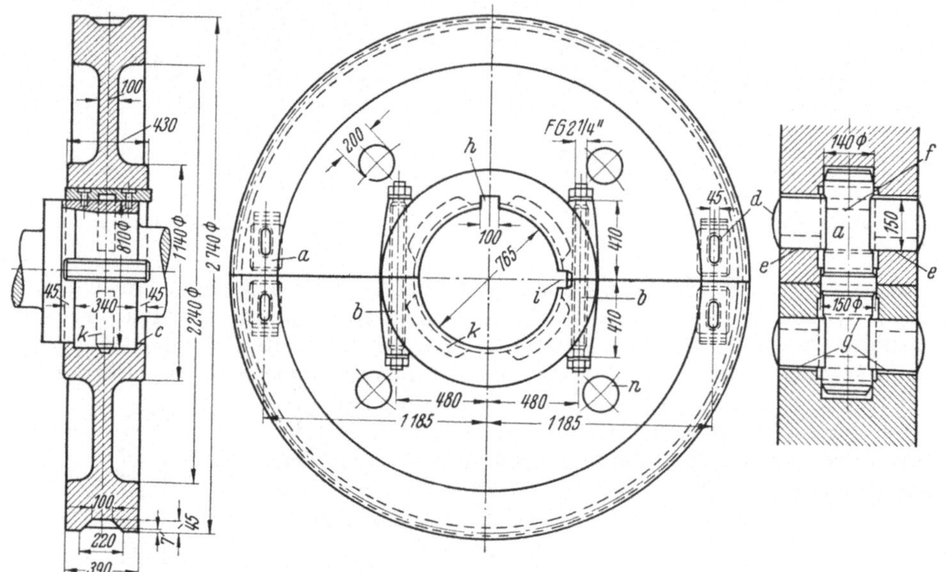

Abb. 56. Zweiteiliges Schwungrad aufgeklemmt.

werden die Zähne, welche mit ihren Flanken das Drehmoment aufnehmen, verspannt. Da die Zähne sich in radialer Richtung verjüngen, wird gleichzeitig die Zentrierung der zu verbindenden Teile *a* und *b* gesichert, so daß der Gewindebolzen nur auf Zug beansprucht wird. Aus der Notwendigkeit dieses Spannbolzens geht hervor, daß man diese Verzahnungskupplung im allgemeinen nur für kurze Wellenstücke, bzw. für das Ansetzen von Naben, Rädern, Flanschen, Kurbeln usw. verwenden kann; sie besitzt dann durch Platz- und Gewichtsersparnis große Vorteile. Die Ausführung der Verzahnung bedingt aber eine Präzisionsarbeit durch Spezialfräsmaschinen mit Teilkopf; an die Härte und Festigkeit des Werkstoffes werden erhöhte Ansprüche gestellt. Man findet daher die Hirth-Verzahnung nur in Spezialgebieten (Kraftwagen-, Flugzeug- und Werkzeugmaschinenbau), kaum im allgemeinen Maschinenbau.

Die Kupplungen 1e) und 1f) sind aus dem Bestreben entstanden, lösbare Schrumpfverbindungen zu schaffen. Die erstgenannte *Stieber-Rollkupplung* hat sich im Werkzeugmaschinenbau eingeführt, da sie mit einem Handgriff lösbare Preßverbindung schafft (Abb. 59) [*33*].

Der Mantel des Futterkörpers *2* sowie des Spannringes *6* sind kegelig. Zwischen beiden liegen schräg gelagerte Rollen *4*, deren Schrägungswinkel 1° 30′ beträgt; sie werden in einen Käfig *5* geführt. Beim Drehen des Spannringes *6* wird dieser durch die Rollenschränkung nach links gedrückt. Man kann dadurch auf den Futterkörper *2* einen so hohen Druck ausüben, daß er zusammengedrückt wird und eine selbsthemmende Preßverbindung mit der Welle *1* entsteht. Das zu übertragende Drehmoment geht direkt vom Futterkörper zur Welle, die Rollen und der Spannring werden von Belastungsschwankungen nicht berührt, so daß ein Lösen der Kupplung durch Stöße oder Erschütterungen nicht zu befürchten ist. Die Rollkupplung hat keine Paßfeder und eine Form frei von

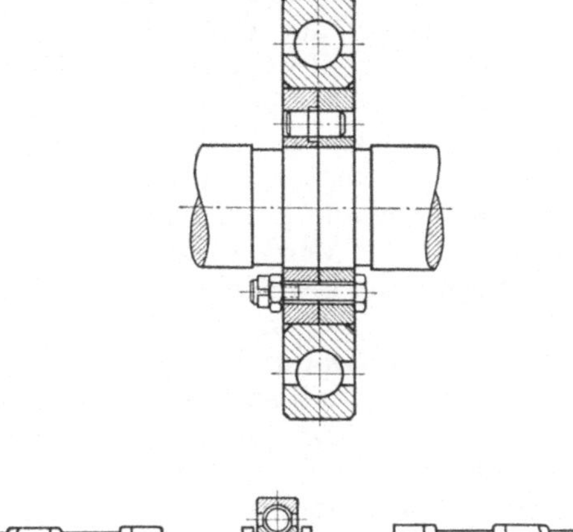

Abb. 57. Lager auf Außendurchmesser des Flansches.

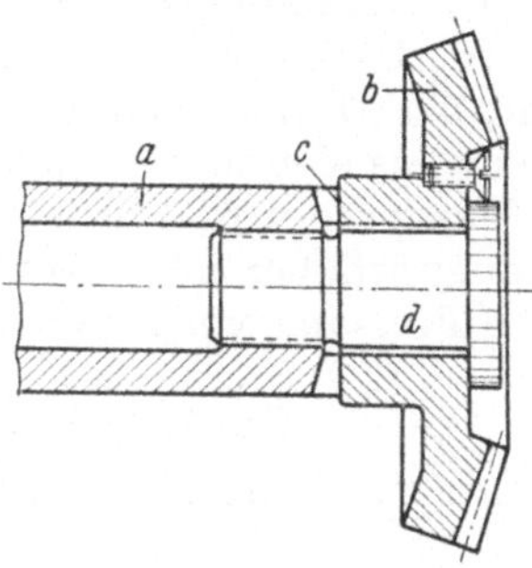

Abb. 58. Kupplung durch Hirth-Stirnverzahnung.

Kerbstellen, daher eine hohe Dauerfestigkeit, die Verbindung ist außerdem gas- und flüssigkeitsdicht bis zu ziemlich hohen Drücken.

Es ist zu erkennen, daß die Fabrikation der Kupplung sehr hohe Anforderungen an die Werkstätten stellt, sie wird daher nur angewendet, wo Lösbarkeit durch einen Griff verlangt wird.

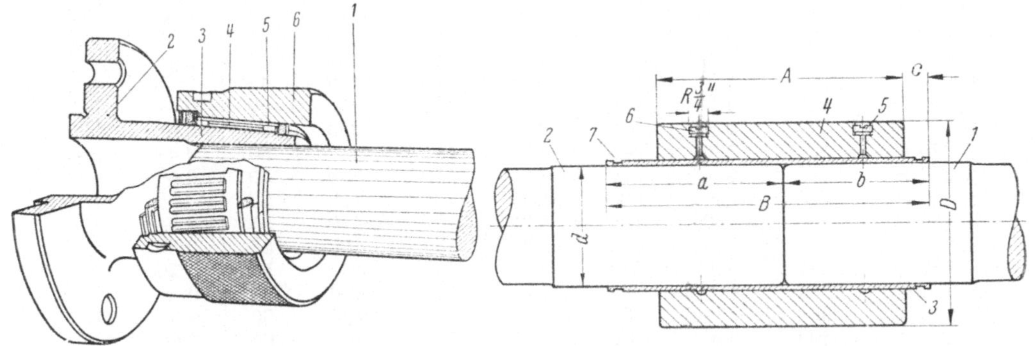

Abb. 59. Stieber-Rollkupplung.

Abb. 60. S.K.F. Drucköl-Kupplung.

Eine interessante Neuerung ist die *Druckölkupplung*, die von der S. K. F. (Göteborg, Schweinfurt) entwickelt wurde, um den Ein- und Ausbau großer Wälzlager zu ermöglichen. Durch Einpressen von Öl unter sehr hohem Druck kann ein Schrumpfsitz verhältnismäßig leicht gelöst werden. Mit einer Sonder-Konstruktion kann auch die für einen Schrumpfsitz erforderliche Dehnung einer Kupplungshülse erzeugt werden [*34*, *35*].

Eine solche Kupplung zur Verbindung zweier Wellen, die sowohl durch Öldruck aufgebracht als auch gelöst werden kann, stellt die Bauart OKH gemäß Abb. 60 dar.

Die beiden Wellen *1* und *2* werden an den Enden sauber auf einen Normaldurchmesser (Passung h_7) gedreht, bei der Montage soll der Abstand nicht größer als 0,01 D sein. Die Konushülse *3* aus hochfestem Stahl wird in die gezeichnete Stellung über beide Wellen geschoben. Sie ist außen sauber mit einem Konus 1:80 gedreht, die Bohrung paßt genau auf die Wellenenden. Darüber wird nun die mit dem entsprechenden Konus ausgebohrte Kupplungshülse *4* geschoben, bis sie fest sitzt. Die Hülse besteht ebenfalls aus einem Stahl hoher Festigkeit und Streckgrenze. An die beiden Anschlüsse *5* und *6* werden nun kleine Hochdruckölpumpen angeschlossen und Öl in die konische Sitzfläche gedrückt. Von den beiden Verteilungsnuten aus verteilt sich unter dem hohen Druck das Öl auf der Sitzfläche bis es an den Enden heraustritt. Dadurch wird die Hülse *4* gedehnt, der Ölfilm verringert die Reibung so weit, daß sie durch ein Druckwerkzeug, das sich in die Nute *7* der Konushülse abstützt, aufgeschoben werden kann. Man pumpt und drückt solange, bis die Hülse bis zum vorgeschriebenen Maß *c* aufgeschoben ist. Nach dem Lösen des Öldruckes wird der Ölfilm durch die hohe Pressung vollkommen herausgedrückt, die innere Hülse wird dadurch

Tabelle 5. *Druckölkupplung OK 180 H — OK 500 H*
(alle Maße in mm)

Nr.	*d*	*D*	*A*	*B*	*a*	*b*	*c*	*Δ*	Gewicht kp
OK 180 H	180	300	360	470	255	215	35	0,28	125
OK 190 H	190	310	380	490	265	225	35	0,32	140
OK 200 H	200	330	400	520	285	235	35	0,32	170
OK 210 H	210	340	420	540	295	245	35	0,34	185
OK 220 H	220	360	440	570	310	260	40	0,34	220
OK 230 H	230	370	460	590	320	270	40	0,37	240
OK 240 H	240	390	480	610	330	280	40	0,37	280
OK 250 H	250	400	500	630	340	290	40	0,40	300
OK 260 H	260	420	520	670	360	310	45	0,41	350
OK 270 H	270	440	540	690	370	320	45	0,42	400
OK 280 H	280	450	560	710	380	330	45	0,44	430
OK 290 H	290	470	580	730	390	340	45	0,45	490
OK 300 H	300	480	600	760	410	350	50	0,47	520
OK 310 H	310	500	620	780	420	360	50	0,48	590
OK 320 H	320	520	640	800	430	370	50	0,48	660
OK 330 H	330	530	660	830	450	380	50	0,50	700
OK 340 H	340	550	680	860	460	400	55	0,52	780
OK 350 H	350	560	700	880	470	410	55	0,54	830
OK 360 H	360	580	720	900	480	420	55	0,56	920
OK 370 H	370	600	740	920	490	430	55	0,56	1020
OK 380 H	380	610	760	950	510	440	60	0,57	1070
OK 390 H	390	630	780	970	520	450	60	0,59	1180
OK 400 H	400	640	800	990	530	460	60	0,60	1240
OK 410 H	410	660	820	1020	550	470	60	0,61	1350
OK 420 H	420	680	840	1040	560	480	60	0,63	1480
OK 430 H	430	690	860	1060	570	490	60	0,65	1550
OK 440 H	440	710	880	1080	580	500	60	0,65	1680
OK 450 H	450	720	900	1100	590	510	50	0,68	1750
OK 460 H	460	740	920	1130	600	530	65	0,69	1900
OK 470 H	470	760	940	1150	610	540	65	0,69	2060
OK 480 H	480	770	960	1180	630	550	65	0,71	2150
OK 490 H	490	790	980	1200	640	560	65	0,71	2320
OK 500 H	500	800	1000	1220	650	570	65	0,73	2400

zusammengedrückt, es entsteht eine zuverlässige Preßverbindung zwischen den Teilen *1, 3, 4, 2*. Die richtige Schrumpfspannung wird durch die Messung der Durchmesserzunahme Δ der Hülse *4* kontrolliert, die ein vorgeschriebenes Maß betragen soll.

Die Kupplung läßt sich jederzeit wieder lösen, indem man den Öldruck wieder an den Anschlüssen *5* und *6* ansetzt. Man muß sogar eine Haltevorrichtung für die Hülse *4* vorsehen, da sie meist von selbst von dem Konus herunterrutscht, wenn sie auf dem eingepreßten Ölfilm zum Schwimmen kommt. Sie sind bis 500 mm Durchmesser genormt, aber auch für größere Durchmesser ausführbar. Für Walzwerke wurden sie bis zu einem Wellendurchmesser von 670 mm und ein Drehmoment von 254 mt gebaut.

Der Aufwand für diese Kupplungen ist verhältnismäßig hoch, insbesondere durch die hydraulische Aufziehvorrichtung. S.F.K. hat daher noch eine weitere

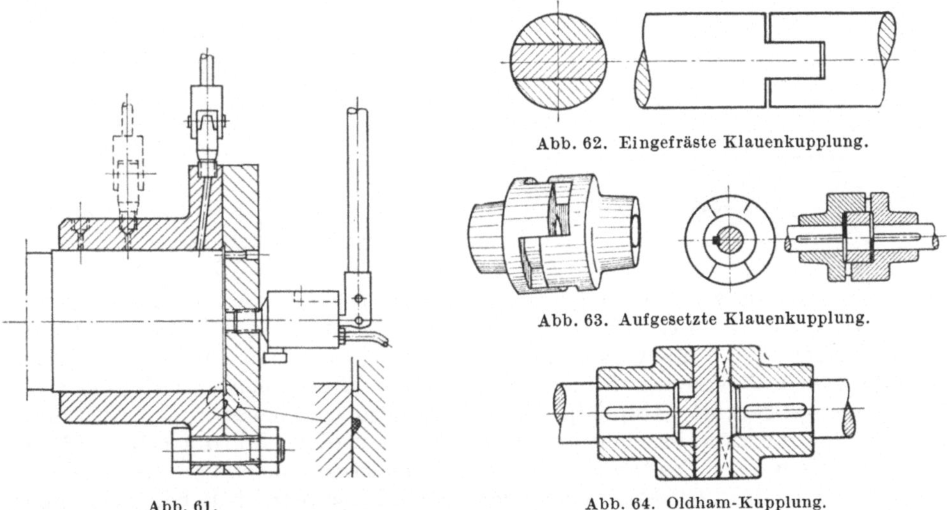

Abb. 61.

Abb. 62. Eingefräste Klauenkupplung.

Abb. 63. Aufgesetzte Klauenkupplung.

Abb. 64. Oldham-Kupplung.

Bauart FK entwickelt, die etwa dem normalen Flansch mit Kupplungsschrauben entspricht (Abb. 61). Man kann sie in üblicher Weise durch Anwärmen auf etwa 250° aufschrumpfen, wobei vornehmlich eine einfache elektrische Heizspirale in die Flansch-Bohrung eingeführt wird.

Durch Anbringen der Ölbohrungen und Nuten kann man aber den Schrumpf ohneBeschädigung der Teile lösen, wobei die im Bild angedeutete einfache hydraulische Abzugsvorrichtung verwendet wird.

Klauenkupplungen werden meistens auf die Wellen aufgesetzt, ihre Beschreibung fällt in das Gebiet der Kupplungskonstruktion. Bei geringer Drehbeanspruchung verwendet man einfach in die Welle geschnittene Klauen nach Abb. 62. Wegen der ungünstigen Beanspruchung des Klauenteils eignet sie sich nur für kleine Drehmomente z. B. Handantrieb. Aus der Bauart (Abb. 63) entwickelt sich die Kreuzscheiben-Kupplung, auch Oldham-Kupplung (Abb. 64), bei der ein Zwischenstück zwei um 90° versetzte Nuten hat, in die die anschließenden Wellen mit entsprechend gefrästen Ansätzen eingreifen. Diese Konstruktion ermöglicht in denkbar einfachster Bauart nicht nur eine gewisse Längsverschiebung, sondern auch eine seitliche Versetzung der Wellen. Ihre Verwendbarkeit beschränkt sich aber auch nur auf die obengenannten begrenzten Fälle.

Bei der *Zahnkupplung* werden auf beide Wellenenden Verzahnungen geschnitten, über die eine innenverzahnte Hülse greift (Abb. 65). Um die Umfangskraft in der Verzahnung zu verringern, wird man den Verzahnungsdurchmesser möglichst über den Wellendurchmesser hinaus legen, entweder durch Erweitern der Wellenenden oder durch Aufsetzen von besonderen Naben. Letztere Ausführung hat den Vorteil, daß man einen Werkstoff höherer Festigkeit und Härte wählen kann, was für die Zahnkupplung sehr erwünscht ist. Sieht man vor, daß die Hülse um die Eingriffslänge verschoben werden kann, oder führt man sie zweiteilig mit Flanschkupplung aus, so hat man gleichzeitig eine längsverschiebbare und eine rasch lösbare Kupplung, die im Rahmen des Zahnspieles auch geringe Zentrierungsfehler ausgleichen kann. Die „Bogenzahn"-Kupplung von Tacke läßt durch die Abrundung der Zähne eine etwas größere Abweichung zu. Wenn die Verzahnung direkt auf die Welle geschnitten wird, was eigentlich nur bei einem Werkstoff höherer Festigkeit in Betracht kommt, so ist besonders auf den Auslauf des Fräsers zu achten.

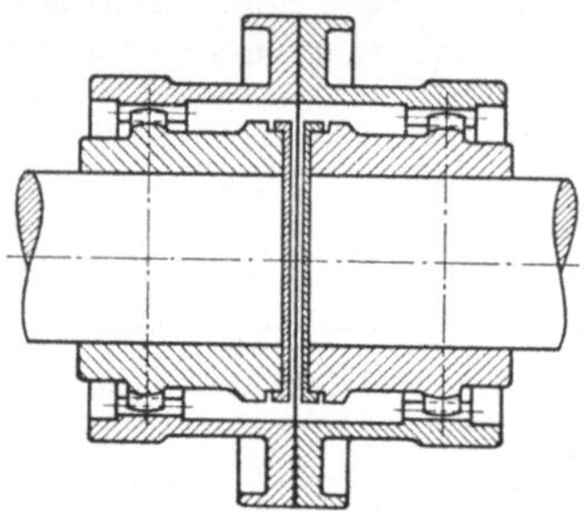

Abb. 65. Zahnkupplung.

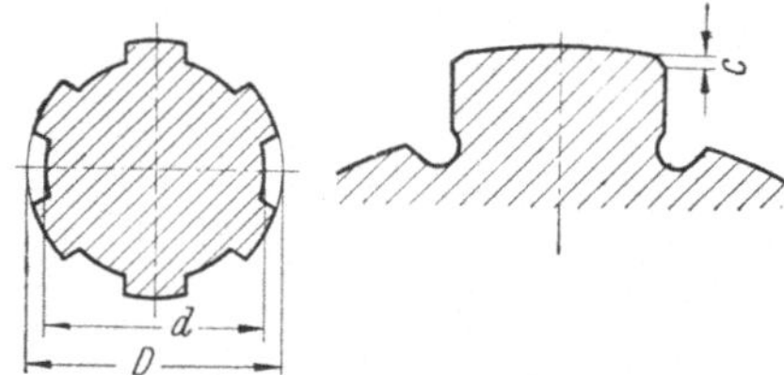

Abb. 66. Sternkeilwelle (bzw. Keilnuten-Welle).

Im Kraftwagen- und Werkzeugmaschinenbau hat sich für die längsbewegliche Kupplung von Wellen mit Naben, Rädern, usw. die sogenannte *Keilnutenwelle* weitgehend eingeführt (Abb. 66). Diese Verbindung ist heute in den Ausführungen genormt und zwar als leichte, mittlere und schwere Ausführung (DIN 5461/65). Für Getriebe werden die Wellen und Hülsen meistens aus einem legierten, härtbaren Stahl (z. B. E. C. Mo 80[1]) gefertigt, sie sind also beträchtlichen Belastungen gewachsen.

Die Wellen werden zunächst mit entsprechenden Fräsern vorgefräst, dann gehärtet und schließlich auf Spezial-Schleifmaschinen mit automatisch schaltendem Teilkopf geschliffen, wobei man sowohl den Führungsdurchmesser (bei Innenführung) als auch die Nute genau auf die Toleranzmaße bringt. Die Hülsen bzw. Naben und Räder werden durch ein Räumwerkzeug in einem Gang bearbeitet, gehärtet und dann meistens nur im Innendurchmesser auf Toleranzmaß geschliffen.

Bei der Berechnung ist zunächst der Durchmesser der Welle zu bestimmen, wobei die Form und die Abrundung der Nuten im Grund eine große Rolle für die Dauerfestigkeit spielen. HEROLD [*9*] hat zahlreiche Versuche an Keilnutenwellen aus folgendem Werkstoff durchgeführt:

Stahl VCN 15[2], Festigkeit 85,5 kp/mm², Streckgrenze 72,3 kp/mm²,
Dauerdrehfestigkeit der polierten Welle = 26,6 kp/mm².

Dabei wurde für eine Viernutenwelle eine Dauerfestigkeit von ca. 14 kp/mm² festgestellt, für eine Welle mit 10 Nuten, besonders gut ausgerundet ca. 20 kp/mm².

---

[1] Entspricht etwa 16 Mn Cr 5.
[2] Entspricht etwa 25 Cr Mo 4, hart vergütet.

Für die Bestimmung der Welle und der Nabenlänge L ist außerdem maßgebend, daß die Flächenpressung p an den Nuten nicht zu groß wird.

Zwischen dem Drehmoment M_D, p, L und der Keilnutenzahl z besteht die Beziehung (vgl. Abb. 66)

$$M_D = \psi\left(\frac{D-d}{2} - 2c\right) L \cdot z \cdot \frac{D+d}{4} \cdot p \,. \tag{53}$$

Der Faktor ψ berücksichtigt dabei, daß praktisch nur ein Teil der Flanken tragen kann, er kann mit 0,5 bis 0,75 ausgesetzt werden. Die zulässige Pressung p ist nicht nur vom Werkstoff abhängig (Teile gehärtet oder nicht gehärtet), sondern auch davon, ob die Verschiebung unter Last oder ohne Belastung erfolgt; für die verschiedenen Betriebsverhältnisse muß man meistens erst Erfahrungswerte gewinnen. Als Anhaltspunkt kann für Stahl auf Stahl gelten $p = 750$ bis 1100 kp/cm².

Ein neuartiger Ersatz für die Keilnutenwelle ist die Welle mit *K-Profil* [*36*] (Abb. 67), sie hat in bezug auf Festigkeit und Herstellung viele Vorteile. Das abgerundete Dreieckprofil für Welle und Bohrung wird auf einer Spezialschleifmaschine hergestellt, wobei die Maßgenauigkeit und Oberflächengüte des normalen Rundschleifens erreicht wird, ohne daß der Zeitaufwand größer wird. Die Genauigkeit der Teilvorrichtung gewährleistet, daß die Verbindungen in allen Dreiecksstellungen bei genauer Zentrierung von Welle und Rad einwandfrei passen. Man kann genau wie beim normalen Rundsitz alle Arten von Passungen ausführen, vom leichten Bewegungssitz f_6 bis zum stramm aufgepaßten Ruhesitz m_6, wobei die K-Profil-Bohrung mit der Toleranz H_6 geschliffen wird.

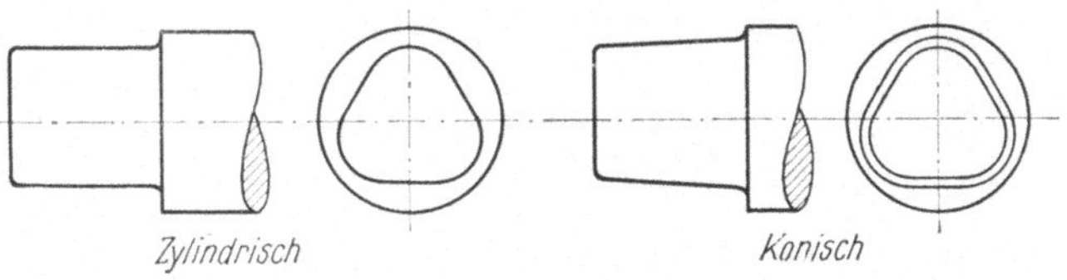

Abb. 67. Welle mit K-Profil.

Die Herstellung des K-Profiles ist wesentlich einfacher als die des Keilnutenprofiles, die Kerbgefahr und die Gefahr von Härterissen entfällt. Beim Übergang vom K-Profil auf Rundwelle kann ein großer Übergangsradius zu einer Wellenschulter vorgesehen werden, der für die Nutenwelle notwendige Fräserauslauf entfällt, man kommt auf etwas kleinere Abmessungen. Man kann sogar Sackbohrungen, bzw. abgesetzte Bohrungen in K-Profil herstellen.

Es gibt verschiedene Profile, deren Form von der Bewegung der Schleifscheibe bei der Herstellung abhängt. Profile die sich mehr der Dreiecksform nähern, sind für Bewegungssitze vorzuziehen, wobei Spiele von 0,015 bis 0,030 mm vorzusehen sind. Für Ruhesitze eignen sich mehr Profile, die näher an der Kreisform liegen.

Die *Schalt- bzw. Reibungskupplungen* werden fast stets als gesondert gefertigte Teile beschafft und auf die Wellenteilungen aufgesetzt. Nur bei *Lamellenkupplungen* kommt es vor, daß man Sonderkonstruktionen wählt, bei denen die Verzahnung, in die Lamellen eingreifen, direkt in eine Erweiterung der Welle eingefräst werden. Solche Ausführungen lassen sich aber nur gemeinsam mit den Firmen entwickeln, die solche Kupplungen fabrizieren.

Ähnliche Verhältnisse liegen bei den elastischen Kupplungen vor [*62*]. Es gibt außer den genannten Kupplungen noch eine große Anzahl von Sonderkonstruktionen, die in irgendeiner Anordnung die Wirkung von Federelementen mit oder ohne Dämpfung ausnützen. Wenn man in eine Wellenleitung zur Abdämpfung eines ungleichmäßigen Drehmomentes, bzw. Stößen oder unruhigen Gang eine elastische Kupplung einbauen will, so muß man dabei bedenken, daß man damit ein schwingungsfähiges System schafft bzw. dessen Eigenschwingungszahl stark herabsetzt. Es besteht daher die Gefahr sehr starker Schwingungen, insbesondere im niederen Drehzahlbereich, der beim Anfahren und Abstellen durchfahren werden muß. Grundbedingung für die Verwendung von elastischen Kupplungen ist daher, daß man die Schwingungsverhältnisse genau überprüft und außerdem für möglichst starke Dämpfung in der Kupplung sorgt, um das Aufschaukeln von Schwingungen zu verhindern.

Diese Regel gilt natürlich auch dann, wenn man in ein zunächst starr gekuppeltes System eine elastische Kupplung einbaut, um eine störende Kritische durch Verändern der Eigenfrequenz zu beseitigen. Die Verwendung „irgendeiner“ elastischen Kupplung kann zu einem Mißerfolg führen, man wähle eine Kupplung, deren Tragfähigkeit und Elastizität klar erkennbar sind, so daß eine Schwingungsrechnung möglich ist. Die Klärung der notwendigen Dämpfung ist meist wesentlich schwieriger, auf jeden Fall ist eine gute innere Dämpfung von größter Bedeutung.

Abb. 68. Zahnrad mit eingebauten Hülsenfedern.

Bei den Federkupplungen nach 5a), 5b) werden meistens die Federn so bemessen bzw. eingebaut, daß sie stark progressiv wirken, d. h. die Federkonstante der Kupplung nimmt mit dem Ausschlag zu. Die dadurch entstehende „Verstimmung“ des Systems hat zur Folge, daß eine rein harmonische Resonanzschwingung großer Ausschläge kaum entstehen kann. In fast allen Fällen werden bei zunehmendem Ausschlag auch starke Reibungskräfte erzeugt, die ebenfalls zur Verminderung von Schwingungsausschlägen beitragen. Die beiden Wirkungen werden mit erheblichem Aufwand erkauft, Federbrüche kommen trotzdem recht häufig vor.

Eine recht wirksame innere Dämpfung weist die unter 5c) genannte *MAN-Hülsenfederkupplung* auf. Sie läßt sich sehr gut auf schmalem Raum einbauen, z. B. innerhalb des Körpers von Zahnrädern. Eine bemerkenswerte Konstruktion ist das neuerdings für Zahnradgetriebe verwendete elastische Rad nach Abb. 68. Die elastische Verbindung des Rades mit dem Antrieb wird ohne zusätzlichen Raumbedarf dadurch erreicht, daß eine Anzahl Hülsenfedern zwischen einem Wellenstern und dem entsprechend ausgebildeten Ritzelkörper eingebaut wird.

In neuerer Zeit hat man durch Verwendung des Werkstoffes Gummi recht einfache elastische Kupplungen entwickelt; Gummi kann man mit verschiedenen Härten (Elastizitäten) entwickeln, mit progressiver Federwirkung und auch guter innerer Dämpfung. Allerdings bedurfte es langjähriger Erfahrung zur Lösung des Problems, die im Gummi entstehende Reibungswärme zu begrenzen bzw. abzuleiten [*40*].

Man kann zwei Bauarten unterscheiden:

a) Die Gummi-Elemente sind durch Aufvulkanisieren direkt mit den Stahlteilen der Kupplung verbunden. Von den zahlreichen Konstruktionen dieser Art sei die Spiroflex-Kupplung der Fa. Lohmann & Stolterfoht erwähnt (Abb. 69).

Sie werden bis zu max. Drehmoment von 8000± 800 kpm ($n_{max} = 1500$) gebaut, als übliches „Nenn"-Drehmoment gilt aber nur $^1/_3$ des oben angegebenen Wertes. Die Elastizität kann je nach der Gummiart in 3 Stufen gewählt werden, wobei die Verdrehung unter Einfluß des „Nenn"-Drehmomentes 15 bzw. 9,5 bzw. 6° beträgt. In Anbetracht der oft unsicheren Vorausberechnung ist diese Möglichkeit einer Korrektur sehr wertvoll. Für alle Größen liegen Angaben über die federnden Rückwirkungen bei radialer, axialer oder winkeliger Verlagerung vor. Es sind Sonderausführungen mit eingebauter Ausschlag-Begrenzung vorgesehen, außerdem Doppelkupplungen, die dann die doppelte Elastizität aufweisen.

b) Sind die Gummi-Elemente nur durch Klemm-Verbindungen mit den Wahlteilen verbunden, so bietet dies den Vorteil, daß die Elemente rasch aus-

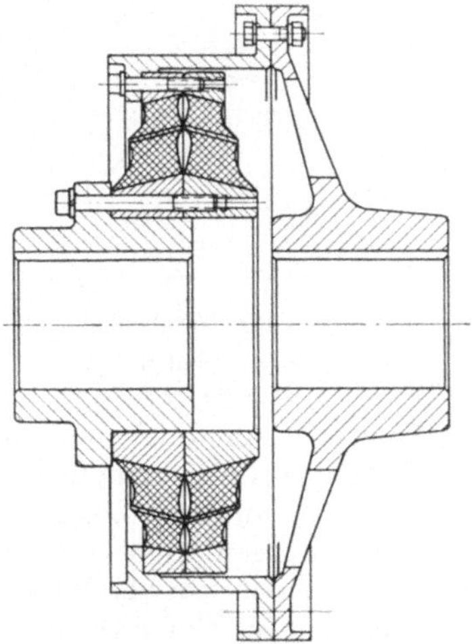

Abb. 69. Hochelastische Wellenkupplung Spiroflex KJA.

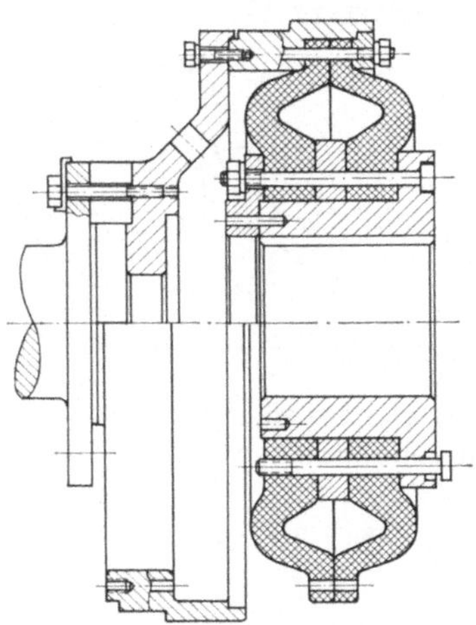

Abb. 70. Vulkan-Kupplung mit eingesetzten Gummi-Elementen.

gewechselt werden können; dies ist bei der unvermeidlich beschränkten Lebensdauer des Werkstoffes Gummi sehr erwünscht. Erwähnt wird die „Vulkan"-Kupplung der Firma B. Hackforth, Wanne-Eickel (Abb. 70). Die Gummi-Elemente sind Reifen aus Natur-Kautschuk mit Gewebeeinlagen, die an ihren äußeren und inneren Verstärkungen mit Klemmflanschen gepackt werden. Die Verdrehungen beider Kupplungsteile erzeugen eine Walkarbeit in den jeweils 2 Reifen einer Kupplung, wodurch auch eine starke Dämpfung erzielt wird. Durch die Gewebeeinlagen wird eine hohe Lebensdauer ohne Alterungs-Erscheinungen erzielt. Die Kupplungen werden bis zu Nenndrehmomenten von 10400 kpm ($n_{max} = 400$ bis 600) gebaut, als höchstes Dauerwechseldrehmoment wird dann 5000 kpm bei einer Wechselzahl von 550/min angegeben. Unter den ca. 34 Bauarten sind auch solche mit verschiedenen Elastizitäten vorgesehen mit Verdrehungen von 3 bis 12° für das Nenndrehmoment, ebenso liegen die Angabe über die Rückwirkungen bei den verschiedenen Verlagerungen vor.

Neuerdings werden auch Schaltkupplungen unter Verwendung sehr starker Gummischläuche gebaut. Diese Schläuche liegen zwischen dem inneren und äußeren Teil der Kupplung und wirken als Reibkupplung, wenn der oder die Schläuche mit Druckluft von 6 bis 8 kp/cm² aufgeblasen werden (Airflex-Kupplung).

V. Gelenkwellen und Kreuzgelenke

Die im Vorhergehenden behandelten Kupplungen lassen sich nur anwenden, wenn die beiden zu verbindenden Wellen genau ausgerichtet sind und es auch bleiben. Bei elastischen Kupplungen sind gewisse, aber nur geringfügige, Abweichungen zulässig.

Die Entwicklung leistungsstarker, mit hohem Wirkungsgrad arbeitender Gelenk-Konstruktionen hat es ermöglicht, Übertragungsaufgaben zu lösen, die früher nicht einmal im Bereich der Erwägung lagen. Durch die Anforderungen des Fahrzeugbaus hat sich die Gelenkwelle (auch Kardanwelle) zu einem Element entwickelt, das auch bei schweren Antrieben für dieselhydraulische Lokomotiven, für Walzwerks- und Kran-Antriebe, für Erdölbohr-Anlagen und viele andere industrielle Antriebe verwendet werden.

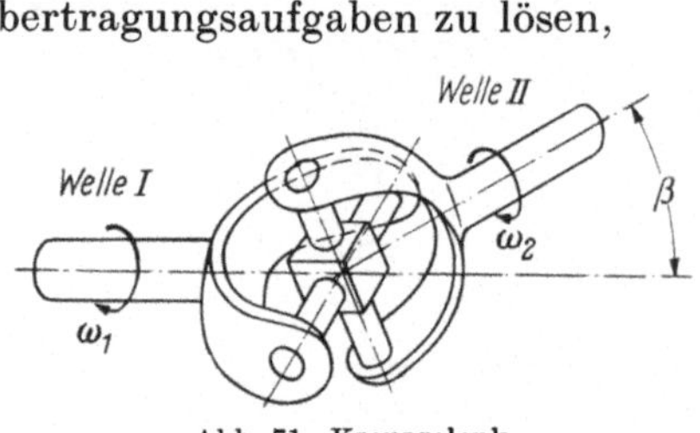

Abb. 71. Kreuzgelenk.

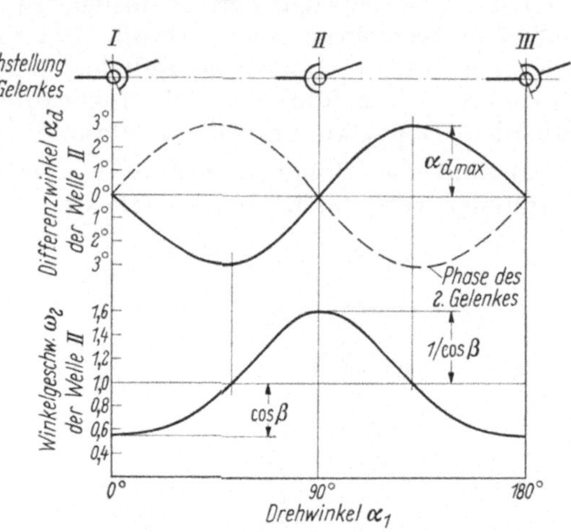

Abb. 72. Winkelgeschwindigkeit ω_2 und Differenzwinkel $\alpha_{d\,max}$ für $\beta = 30°$.

Das Kernstück der Gelenkwelle ist das Kreuzgelenk nach der schematischen Abb. 71, seine kinematischen Eigenschaften stellt Abb. 72 dar [*41*, *42*].

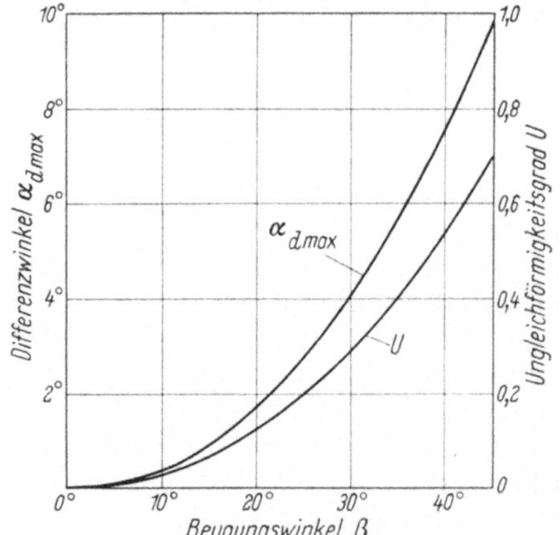

Abb. 73. Ungleichförmigkeitsgrad U und Differenzwinkel $\alpha_{d\,max}$.

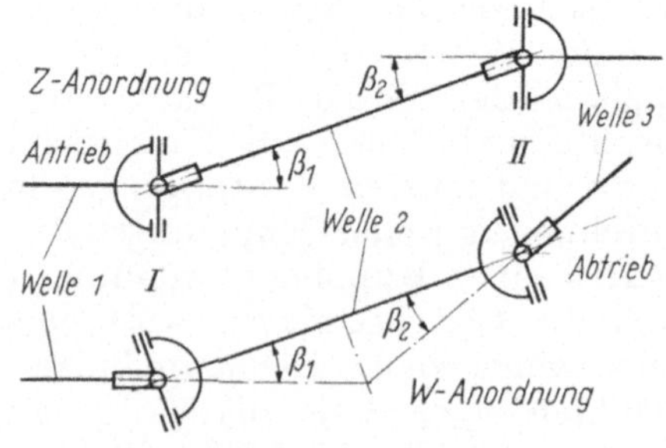

Abb. 74. Z- und W-Anordnung der Gelenkwelle.

Die Drehschnelle der Welle *II* schwankt zwischen den Werten

$$\omega_{2\,max} = \omega_1/\cos\beta \quad \text{und} \quad \omega_{2\,min} = \omega_1 \cdot \cos\beta\,. \tag{53a, b}$$

Der Ungleichförmigkeitsgrad ist dann $u = \tan\beta \cdot \sin\beta$.

Die größte Winkelabweichung der Welle *II* gegenüber Welle *I* ist gegeben durch

$$\tan\alpha_{d\,max} = \pm\frac{1-\cos\beta}{2\sqrt{\cos\beta}} \tag{54}$$

bis zu $\beta = 15°$ gut darstellbar durch die Formel:

$$\alpha_{d\,\max} = 0{,}26 \cdot \beta^2 \quad \text{(in Minuten)}. \tag{54a}$$

Die Werte von u und $\alpha_{\max}$ sind in Abb. 73 abhängig vom Beugungswinkel β dargestellt. Die Fehlerwerte (auch Kardanfehler genannt) sind bis $\beta = 5°$ noch sehr klein, sie nehmen aber ab 25° so zu, daß derartige Beugungswinkel kaum noch zulässig sind.

Ist der Beugungswinkel zeichnerisch in zwei aufeinander senkrechtstehenden Ebenen durch β_h und β_v dargestellt, so ist der resultierende Beugungswinkel

$$\left.\begin{array}{ll} & \text{dargestellt durch } \tan \beta_R = \sqrt{\tan^2 \beta_h + \tan^2 \beta_v} \\ \text{oder} & \text{annähernd bis } \beta = 10° \; \beta_R = \sqrt{\beta_h^2 + \beta_v^2} \end{array}\right\} \tag{55}$$

Schaltet man 2 Kreuzgelenke gemäß Abb. 74 hintereinander, so heben sich bei richtiger Anordnung die Kardanfehler auf, d. h., die Welle *3* läuft gleichmäßig um, wenn dies bei Welle *1* der Fall ist.

Die Voraussetzungen sind:

a) Die beiden Gelenke *I* und *II* müssen um 90° versetzt sein, d. h. die beiden Gabeln der Verbindungswelle *2* müssen in einer Ebene liegen.

b) Die Winkel β_1 und β_2 müssen gleich sein.

c) Die Wellen *1*, *2* und *3* müssen in einer Ebene liegen.

d) Unter diesen Bedingungen wird der gleichförmige Abtrieb sowohl in der Z-Anordnung als auch in der W-Anordnung erreicht (s. Abb. 74).

Die letztere Ausführung ermöglicht größere Beugungswinkel der beiden Wellen *1* und *3* als die Z-Anordnung. Man muß aber beachten, daß für Welle *2* die Ungleichförmigkeit gemäß Gl. (1) gilt, deren Massenkräfte den Winkel β nach wie vor einschränken. Auch die Kräfte an den Gelenken selbst, die von den Lagerungen der Welle aufzunehmen sind, wachsen beträchtlich mit größerem Winkel β. Nicht immer ist es möglich, die beiden Winkel β_1 und β_2 gleich auszuführen. Es bleibt dann eine Restungleichförmigkeit, die aus Formel (53a) zu berechnen ist, wenn man einsetzt

$$\left.\begin{array}{ll} \cos\beta = \dfrac{\cos\beta_1}{\cos\beta_2}, & \text{wenn } \beta_1 > \beta_2\,; \\ \cos\beta = \dfrac{\cos\beta_2}{\cos\beta_1}, & \text{wenn } \beta_1 < \beta_2. \end{array}\right\} \tag{56}$$

Wenn durch die Konstruktion des Antriebes eine gewisse Schwenkbewegung der Welle *3* gegeben ist (z. B. durch Federungsweg des Fahrzeugs oder Lenkbewegung der Radachsen), so wird man selbstverständlich danach streben, daß die günstigsten Verhältnisse für die mittleren bzw. meist vorkommenden Stellungen erreicht werden.

Selbst wenn man die Gelenkwellen als möglichst leichte, dünnwandige Rohre ausführt, müssen die kritischen Biegeschwingungen sehr beachtet werden, zumal auch bei sorgfältigstem Auswuchten Erregungen von den Antriebsgelenken her sich nicht vermeiden lassen. Ein Betrieb im überkritischen Gebiet kommt nicht in Betracht, insbesondere im Fahrzeugbetrieb. Die max. Betriebsdrehzahl sollte nicht über 0,75 n_{kr}, äußerstenfalls 0,85 n_{kr} liegen. Bei üblichen Abmessungen der Gelenkwellen ergeben sich ungefähr folgende Richtlinien für die größte zulässige Länge von Kardanwellen:

Für Personenkraftwagen bei	$n_{\max} = 5000$ U/min	$L_{\max} = 1500$ mm,
für Lastwagen u. Omnibusse	$n_{\max} = 3500$ U/min	$L_{\max} = 1800$ mm,
für Schienenfahrzeuge	$n_{\max} = 2500$ U/min	$L_{\max} = 2200$ mm,
Schiffbau, allg. Maschinenbau	$n_{\max} = 1000$ U/min	$L_{\max} = 3000$ mm,
Walzwerke, Kranbau etc.	$n_{\max} = 100$ U/min	$L_{\max} = 5000$ mm.

Wenn mit einfacher Wellen-Anordnung die Grenzbereiche hinsichtlich der Wellenlänge erreicht werden, sollte man zu unterteilten Wellensträngen übergehen; auf die zahlreichen Möglichkeiten kann hier nicht näher eingegangen werden.

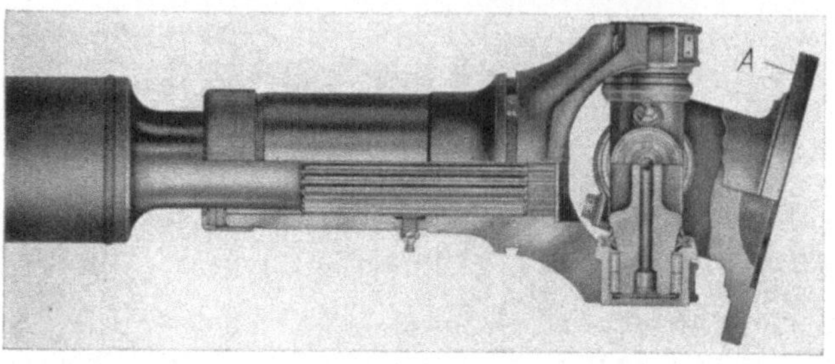

Abb. 75. Schwere Kardanwelle (Gelenkwellenbau GmbH, 43 Essen).

Die übliche Ausführung der Gelenkwellen zeigt Abb. 75. Die Kreuzgelenk-Köpfe werden meistens mit Zentrierflanschen *A* an den Anschlußwellen befestigt, Naben- oder Konus- oder Keilwellenverbindungen sind auch möglich. Fast in allen Fällen ist in der Welle ein Längenausgleich als Keilnutenverbindung eingefügt, die gut gegen Verlust des Schmiermittels oder Eindringen von Schmutz abzudichten ist. Als Lager der Kreuzgelenke werden größtenteils Nadellager verwendet, wodurch sich Tragfähigkeit, Betriebssicherheit und Wirkungsgrad wesentlich erhöhen (Abb. 76). Diese Faktoren konnten für schwere Bauarten nochmals wesentlich verbessert werden, durch den Einbau von doppelten Rollenlagern, deren Rollen an beiden Seiten durch gehärtete Borde geführt sind (Abb. 77).

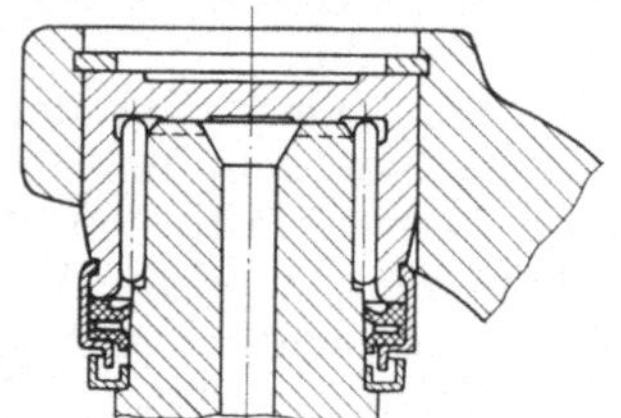

Abb. 76. Nadellager für Zapfenkreuz.

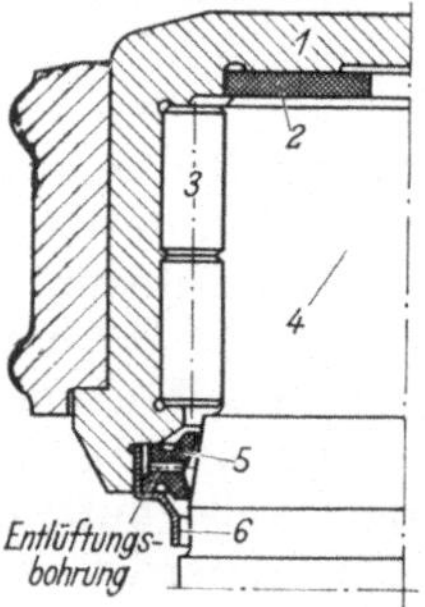

Abb. 77. Konstruktiver Aufbau der Zapfenkreuzlagerung mit Rollen. *1* Lagerbüchse; *2* Stirnscheibe; *3* Lagerrollen, bordgeführt; *4* Zapfenkreuz; *5* Dichtring; *6* Dichtungshalter.

Selbstverständlich müssen auch diese Lager über Fettnippel geschmiert und nach außen gut abgedichtet werden. Anweisungen über die zu verwendenden Fette und die Schmierperioden geben die Herstellerfirmen.

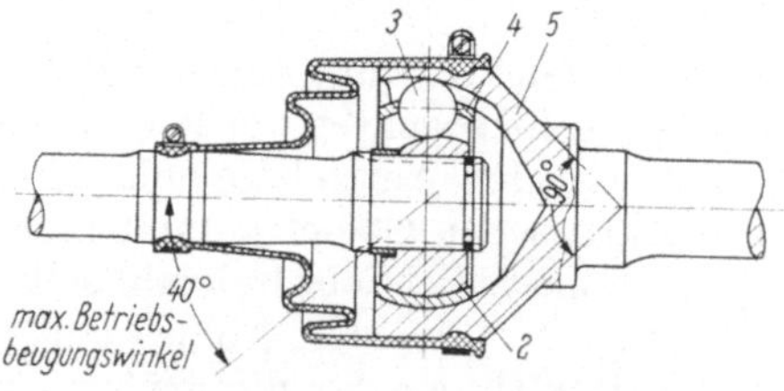

Abb. 78. Birfield-Gleichganggelenk.

Der weitreichende Bedarf von Gelenk-Übertragungen hat zu zahlreichen Sonderkonstruktionen geführt, besonders für den Kraftwagenbau (Vorderrad-Antrieb). Erwähnenswert ist das sogenannte Birfield-Gleichgang-Gelenk (Abb. 78). Es handelt sich um ein leistungsstarkes Kugelgelenk. Es besteht aus der Glocke *5* mit kegeliger Bohrung, in der sechs wie Meridiane verlaufende Bahnen sich mit denen des Sterns *2* paaren. Zwischen den beiden Laufbahnen liegt der Käfig *4*, der Glocke und Stern gegeneinander zentriert, sowie die 6 Kugeln *3* in der richtigen Lage hält.

Durch die Bahngeometrie wird erreicht, daß die Kugeln immer in einer Ebene liegen, die den Winkel zwischen den beiden Wellen halbiert. Unabhängig vom Beugungswinkel wird dadurch ein völliger Gleichgang der Wellen erreicht.

In geschlossenen Räumen laufen diese Kupplungen im Ölbad, außen angeordnet werden sie durch einen Faltenbalg abgedichtet, der mit schwerflüssigem Schmierstoff aufgefüllt ist.

Diese Gelenke sind betriebssicher bis 35 bis 40° Beugungswinkel, sie werden in 6 bis 10 Größen für Dauerdrehmomente von 18 bis 145 kpm fabriziert, kurzzeitig

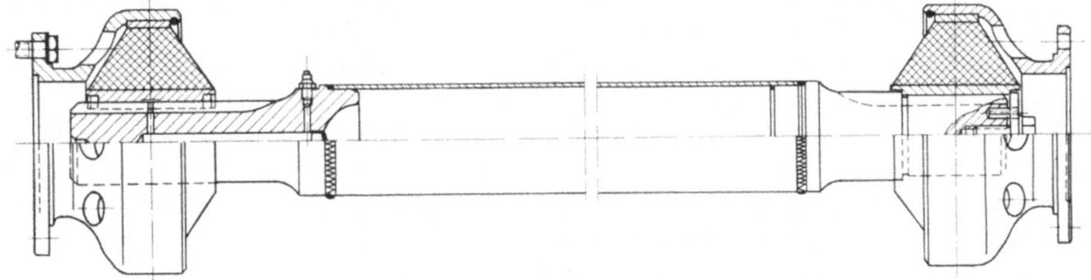

Abb. 79. GWB-Goetze-Elastikwelle.

wird etwa das 3,2fache Drehmoment zugelassen. Unter gewissen Bedingungen lassen sich Kardanwellen durch wesentlich einfachere Elastic-Wellen ersetzen, bei denen die Kraftübertragung durch schubbeanspruchte Gummi-Federelemente geschieht (Abb. 79). Sie haben eine hohe Drehelastizität und Dämpfungsfähigkeit. Von der Fa. Gelenkwellenbau, Essen, werden sie in 10 Größen gebaut, mit zulässigen Dauerdrehmomenten von 4,3 bis 300 kpm bei $n = 4$ bis 12000. Die zulässigen Beugungswinkel sind 4 bis 0,5° bei 500 bis 10000 U/min. Wertvoll ist, daß diese Wellen auch ohne Längenausgleich gewisse Längenänderungen von $\pm$ 1,5 bis $\pm$ 3,0 mm und beträchtliche Achsverlagerungen zulassen. Die große Elastizität und Dämpfungsfähigkeit der Gummi-Federgelenke werden dadurch gekennzeichnet, daß der statische Verdrehwinkel unter Einfluß des max. Dauerdrehmomentes ca. 30° beträgt (normale Gummiqualität!). Es muß natürlich in jedem Fall geprüft werden, ob Gummigelenke sich für die gegebenen Betriebsverhältnisse eignen (verlangte Lebensdauer, Betriebstemperatur, Einfluß von Öl, Wasser, Schmutz, Schwingungsverhältnisse usw.).

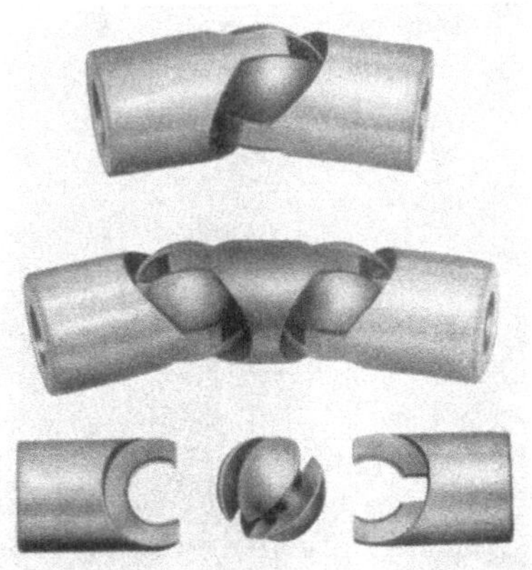

Abb. 80. Einfaches und doppeltes Kugelgelenk (Elbe & Sohn, 712 Bissingen/Enz).

Für einfache Betriebsverhältnisse, z. B. Handbetätigung oder nur kurzzeitig benutzte Antriebe kleiner Leistung ist es natürlich nicht notwendig, hochwertige Kardangelenke zu verwenden. Hier benutzt man z. B. normale Kreuzgelenke nach DIN 808 oder den neueren Entwürfen DIN 7551 für Wellendurchmesser von 10 bis 40 mm und Drehmomente von 0,5 bis 10 kpm.

Von der Fa. Elbe & Sohn werden einfache und doppelte Kugelgelenke nach Abb. 80 gefertigt, Anschlußzapfen mit Preßsitzbohrung mit und ohne Keilnut oder mit Vierkant-Bohrung für Wellen von 6 bis 75 mm Durchmesser und übertragbare Drehmomente von 0,6 bis 137 kpm, geeignet für Beugungswinkel bis 35°.

VI. Biegsame Wellen

Seit Jahrzehnten werden auf allen Gebieten der Technik biegsame Wellen verwendet, allerdings nur für kleine Leistungen (max. 5 PS, Drehmoment 1 kpm). Sie ersparen in vielen Fällen komplizierte und kostspielige Räderwerke, Kettenantriebe, Gelenkwellen, bzw. Kugelgelenke. Zwei Anwendungsarten sind zu unterscheiden:

1. Fest eingebaute Wellen, die eine Verbindung zwischen zwei ungünstig gelegene Wellen vermitteln, wobei nicht nur größere Entfernungen (einige m) und starke Unterschiede in den Achsrichtungen, sondern auch gewisse Bewegungen der Angriffspunkte überbrückt werden (z. B. Antrieb für Tachometer, Zählwerke usw.).

2. Verbindungswellen von Antriebsmotoren zu ortsbeweglichen Geräten, insbesondere zu handbewegten Werkzeugen, wie Bohrköpfen, Fräs-, Feil- und Schleifmaschinen, Polierscheiben, Bürsten usw.

Die Wellen bestehen aus einer rotierenden Seele, die in einem biegsamen Schutzschlauch läuft. Dieser wird auf beiden Seiten an den festen Gehäusen bzw. am Griff des Werkzeugs befestigt und bildet einen völlig abgeschlossenen Schutzraum für die Welle.

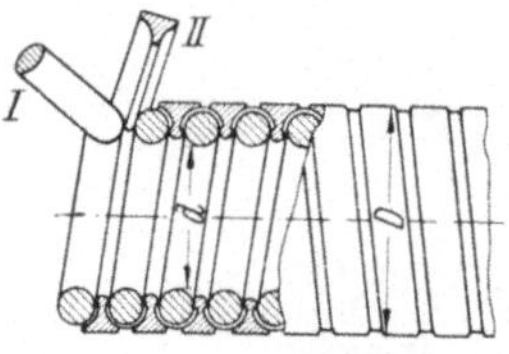

Abb. 81. Metallschlauch für biegsame Wellen.

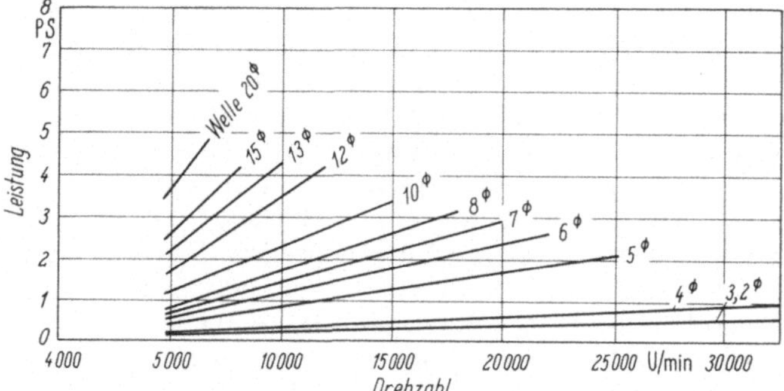

Abb. 82. Abmessungen und Leistungsdaten für biegsame Wellen.

Die Seele wird als eng gewundene Spirale aus hochwertigen Stahldrähten gefertigt, bei manchen Ausführungen in mehreren Lagen. Diese Bauart bedingt, daß die Wellen bevorzugt in der Richtung der Spiralwindung beansprucht werden sollen, bei entgegengesetzter Drehrichtung kann nur etwa $^2/_3$ des normalen Drehmomentes übertragen werden. Wellen, die in beiden Drehrichtungen beansprucht werden, müssen also entsprechend überbemessen werden. Außerdem müssen die Kupplungsgewinde besonders gesichert werden. Als Normalausführung gilt Rechtsdrehsinn, gesehen von der Antrieb- zur Abtriebseite. Die Herstellerfirmen liefern aber jetzt auch abnormale Ausführung für Linksdrehsinn, so daß dann die Beschränkung bezüglich Leistungsaufnahme entfallen kann. Es gibt aber jetzt auch Spezialwellen, die aus mehreren Lagen dünner Federstahldrähte bestehen und dann in beiden Richtungen die gleiche Tragfähigkeit aufweisen. Ähnliche Sonderausführungen sind geeignet für Fernbetätigungen von Bedienungselementen, wobei je nach Bedarf auf sehr geringe Verdrehung oder auf die exakte Übertragung von Zug- und Druckkräften geachtet wird (Torsiflex-Wellen der Fa. Gemo, Berlin).

Bei der Anordnung und Montage ist darauf zu achten, daß die Welle nicht zu scharfen Krümmungen gezwungen wird. Dies bedingt auch, daß man die Entfernung zwischen Antriebspunkt und Werkzeug und die Länge der Welle so ausführt, daß für Welle und Werkzeug genügend Bewegungsfreiheit gegeben ist ohne unzulässige Krümmungen der Welle. Der Krümmungsradius sollte den 25fachen Wellendurchmesser nicht unterschreiten, dies gilt besonders an beiden Wellenenden, da an den Verbindungsstellen eine zu scharfe Abkrümmung der Welle besonders gefährlich ist.

Man führt die Stahldrahtwellen in Metallschläuchen, bei stationärem Aufbau kann man auch normale Rohre verwenden. Die l. W. der Rohre soll 1 bis 5 mm größer als der Wellendurchmesser sein. Die Wellen werden stark eingefettet in die Schutzrohre eingeführt, bei stärkeren Antrieben ist für gelegentliche Nachschmierung zu sorgen, um die Reibung möglichst gering zu halten. Sehr bewährt

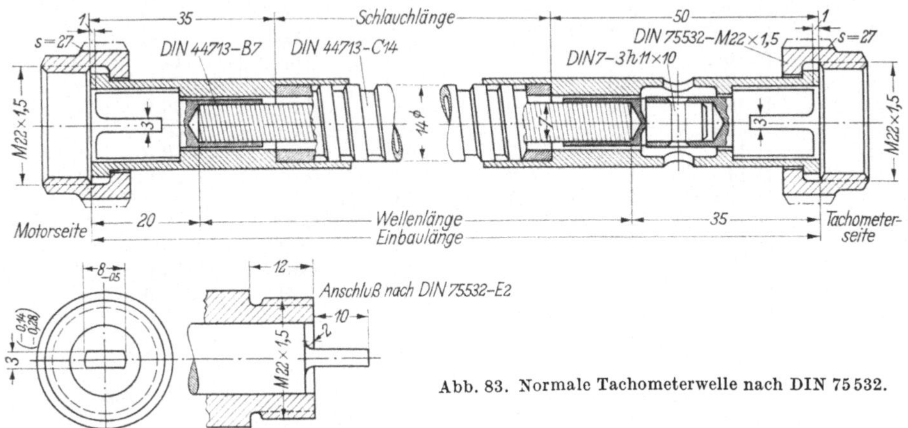

Abb. 83. Normale Tachometerwelle nach DIN 75532.

hat sich ein Metallschlauch, der gemäß Abb. 81 aus Runddraht mit eingepreßtem Dreikantdraht gefertigt ist, meist in verzinkter Ausführung, für Sonderzwecke auch vernickelt. Die Schläuche erhalten meistens als äußeren Schutz einen Kunststoff-Überzug, teilweise auch erst ein äußeres Drahtgeflecht und dann noch Kunststoff-Überzug.

Abmessungen und Einbau. In den Abb. 82 und 83 sind die Abmessungen und Leistungsdaten von biegsamen Wellen der Firma Gemo, Berlin 65, bzw. Krefeld-Ürdingen zusammengestellt. Diese und andere Spezialfirmen liefern einbaufertige Wellen in abgepaßten Längen und normalen Anschlußstücken auf beiden Seiten. Hierfür gelten im Fahrzeugbau die Normen Kr 5532 und DIN 75532 (für Tachometerwelle s. Abb. 83 u. Tab. 6).

Die Ausführung von fertigen Wellen für Werkzeugantrieb nach DIN 44713 zeigt Abb. 84. Die Wellenseelenkupplung *4* sowie die Schlauchmuffen *3* mit den gefederten Sperrbolzen sind auf beiden Seiten gleich ausgebildet. Die Wellenseelen *1* bzw. die Schutzschläuche *2* sind in die Verbindungsmuffen eingelötet. Gegen zu starkes Abbiegen an den Enden schützen beiderseits über den Schutzschlauchenden angebrachte Verstärkungsspiralen.

Auf der Seite der Handstückhülse (speziell für Elektrowerkzeuge) können verschiedene Handstücke für Klauen-Kupplung, Kupplung mit Morse-Konus und für Schleifscheibenträger aufgesetzt werden.

Aus den einfachen Bowdenzügen, die seit Jahrzehnten im Fahrzeugbau verwendet werden, sind in neuerer Zeit Elemente für die Fernübertragung von Dreh- und Längsbewegungen entwickelt worden, die über große Entfernungen und zahlreiche Umlenkungen mit sehr geringer Reibung arbeiten können. Der Bowdenzug ist in seiner einfachsten Form nach DIN 71987 genormt, allerdings nur für Seilzüge von 1,6 und 2 mm Durchmesser mit Hüllen von 4,9 bis 5,5 mm. Die Hersteller liefern aber Ausführungen bis 6 mm Seil und 9,2 mm Hüllen. Für Druckbetätigung werden harte verzinkte Stahldrähte von 1,4 bis 4,0 mm Stärke verwendet, die natürlich auch in Hüllen von entsprechender Stärke geführt sind.

Als Beispiele der neueren Entwicklung sind zu nennen: „Teleflex“. Es handelt sich um ein verstärktes Drahtseil, um das ein dicker Draht in bestimmter Steigung gewickelt und befestigt ist. Das Kabel wird in kalibrierten Rohren von 1 mm Wandstärke geführt und kann dann über viele Krümmungen auf Entfernungen bis etwa 10 m Längsbewegungen fortleiten.

Es werden 3 Stärken von 4,75, 7,92 und 12,7 mm geliefert für Kraftübertragungen von 22, 90 und ca. 220 kp. Die äußeren Rohrdurchmesser sind 6,6, 11,0 und 16 mm, der kleinste

Tabelle 6

Nr.	Durchmesser mm	Lagenzahl	Drehmom. kpcm	Biegeradius min mm	Gewicht kp per 1000 m
H 22	2,2	3	1,0	40	3,6
H 25	2,4	4	1,2	40	4
H 32	3,2	4	1,5	50	5
H 35	3,5	4	1,8	60	6
H 37	3,7	4	2,0	60	7,0
H 40	4,0	4	2,3	60	8,0
H 50	5,0	5	6,0	80	11,0
H 60	6,0	5	8,5	100	17,5
H 70	7,0	5	10,0	120	23,0
H 80	8,0	5	12,5	140	30,0
H 90	9,0	7	14,0	160	38,0
H 100	10,0	7	16,0	180	48,0
H 110	11,0	7	20,0	200	60,0
H 120	12,0	7	25,0	220	70,0
H 130	13,0	7	33,0	250	86,0
H 150	15,0	7	38,0	280	110,0
H 200	20,0	8	55,0	380	210,0
H 250	25,0	9	80,0	450	340,0
H 300	30,0	10	110,0	480	450,0

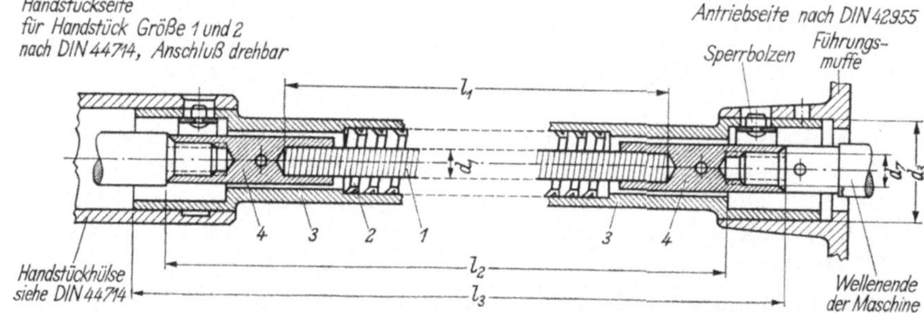

Normbezeichnung z. B. · Biegsame Welle A 4×1000 DIN 44713

<table>
<tr><th>Biegsame Welle Kurzzeichen</th><th>d_1</th><th>d_3</th><th>d_7</th><th>l_1</th><th>l_2</th><th>l_3</th><th>max. Drehmoment kpm</th><th>Gewicht kg ≈</th></tr>
<tr><td>A 4×1000</td><td>4</td><td>16</td><td>M4</td><td rowspan="2">1000</td><td rowspan="4">—</td><td rowspan="4">—</td><td>0,03</td><td>0,34</td></tr>
<tr><td>A 7×1000</td><td rowspan="2">7</td><td rowspan="2">20</td><td rowspan="2">M6</td><td rowspan="2">0,11</td><td>0,56</td></tr>
<tr><td>A 7×1250</td><td>1250</td><td>0,62</td></tr>
<tr><td>A 10×1500</td><td>10</td><td rowspan="3">30</td><td rowspan="3">M10</td><td rowspan="2">1500</td><td>0,16</td><td>1,78</td></tr>
<tr><td>A 12×1500</td><td rowspan="2">12</td><td>1570</td><td>1590</td><td rowspan="2">0,26</td><td>2,5</td></tr>
<tr><td>A 12×2000</td><td rowspan="3">2000</td><td>2070</td><td>2090</td><td>3,2</td></tr>
<tr><td>A 15×2000</td><td>15</td><td rowspan="2">40</td><td rowspan="2">M14</td><td rowspan="2">2090</td><td rowspan="2">2114</td><td>0,40</td><td>5,0</td></tr>
<tr><td>A 20×2000</td><td>20</td><td>0,60</td><td>7,5</td></tr>
</table>

Abb. 84. Biegsame Welle für Werkzeugantrieb nach DIN 44713.

Krümmungsradius 60, 130 und 150 mm. Die Einleitung und Abgabe der Bewegung erfolgt über Zahnräder oder Hebel mit Zahnsegmenten, die in Spiralen eingreifen. Es ist aber auch eine direkte Übertragung über eine Führungsstange mit Gelenk möglich.

Bei der sehr hochwertigen Ausführung „*Flexball*" handelt es sich um ein kabelähnliches flexibles Gestänge, das Zug- und Druckkräfte von den kleinsten Regelimpulsen bis zu Kräften von max. 500 kp mit erstaunlich geringen Reibungsverlusten übertragen kann.

Es besteht aus einer elastischen Zentral-Lamelle und zwei Reihen von Kugelkäfig-Bändern, deren Kugeln einesteils auf der Zentral-Lamelle, andernteils außen auf Halbrundschienen laufen; diese Elemente sind in einem flexiblen Stahlschlauch verlegt, der meistens noch durch eine Flachdraht-Spirale verstärkt ist und außen noch einen Kunststoffüberzug hat. Es werden Typen mit 11,4 und 20,8 mm Außen-Durchm. des Schlauchs geliefert.

Die zulässige Belastung ist abhängig von der Hublänge (100—200 mm) und ob Zug- oder Druckbelastung auftritt. Bemerkenswert ist der angegebene Wirkungsgrad von 90 bis 97% und daß die elastische Verformung sehr gering ist (pro 1 m Länge pro 10 kp übertragene Kraft nur 0,05 bis 0,3 mm!).

Zur Einleitung und Aufnahme der Kräfte bzw. Bewegungen kann jedes beliebige Element zur Erzeugung einer Längsbewegung benutzt werden (Schieber, Hebel, Zahnstange mit Zahnsegment usw.).

VII. Kurbelwellen

Die Kurbelwelle einer Kolbenmaschine wird als wichtigster Teil des Triebwerkes mit Recht als das Rückgrat des Motors bezeichnet. Betrachtet man die konstruktive Entwicklung von der einfachsten Bauart einer alten Dampfmaschinenwelle aus Normalstahl bis zur Welle eines vielzylindrigen Flugmotors aus hochfestem Sonderstahl, so wird die in den vergangenen Jahren gebildete technische Entwicklungsarbeit offenbar.

Der Kräfteverlauf im normalen Kurbeltrieb (Abb. 85) ist in mehrfacher Hinsicht vom Kurbelwinkel abhängig. Die Kolbenkraft $P = \frac{p \cdot \pi \cdot D^2}{4}$ verläuft nach dem Arbeitsprozeß im Zylinder, die Stangenkraft $P_{st} = \frac{P}{\cos\beta}$ ist vom Kurbelwinkel und dem Schubstangenverhältnis $\lambda = \frac{r}{l}$ abhängig, das von der Stangenkraft ausgeübte Drehmoment ist

$$M_K = \frac{P \cdot r \cdot \sin(\varphi + \beta)}{\cos\beta}. \quad (57)$$

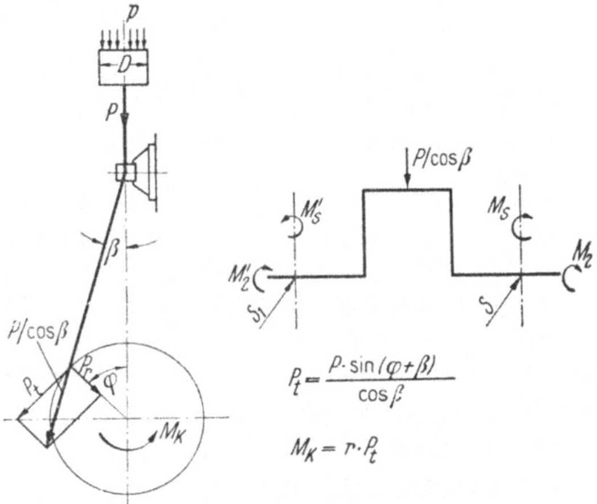

Abb. 85. Kräfteverlauf im Kurbeltrieb.

Bei Wellen mit mehreren Kurbeln wird das von den andern Kurbeln herrührende Drehmoment M_2 durchgeleitet, außerdem wirken durch die mehrfache Lagerung in den Lagerzapfen die Stützmomente M_s (Biegungsmomente). Unter dem Einfluß der einwirkenden Kräfte und Momente entstehen in den Lagern Stützkräfte S, deren Größe und Richtung sich wegen der statischen Unbestimmtheit und der schwer zu bestimmenden elastischen Verformungen einer Welle kaum berechnen lassen. Selbst wenn man sich bemühen würde, den Kräfteverlauf in einer Kurbel möglichst genau zu bestimmen, so würde doch die Berechnung der wahren Beanspruchungen daran scheitern, daß Größe und Lage der höchsten Beanspruchung kaum zu ermitteln sind.

Man berechnet daher die Wellen unter sehr vereinfachten Annahmen und vergleicht die Ergebnisse mit den auf gleicher Basis errechneten Spannungen anderer bewährter Wellen. Erst neuerdings ist man dazu übergegangen, Größe und Lage der Spannungsspitzen mittels Feinmeßgeräten an Modellen und naturgroßen

Stücken zu bestimmen und außerdem deren Dauerfestigkeit durch Versuche in Prüfmaschinen festzustellen. Bei dem Bau von Hochleistungsmotoren z. B. Flugzeugmotoren, blieb kein anderer Weg übrig, als durch vergleichende Messungen in den Prüfmaschinen die Form und Werkstoffe höchster Festigkeit zu suchen und dann durch die praktische Bewährung im Motor selbst zu prüfen.

Die erwähnten Vereinfachungen sind ohne weitere Korrekturen für solche Maschinen zulässig, die auf Grund ihrer Verwendung sowieso einen höheren Sicherheitsgrad erfordern. Man denkt sich aus der Kurbelwelle eine Kurbel herausgeschnitten, vernachlässigt also die Stützmomente M_s. Weiterhin kann man annehmen, daß das Spiel in den Lagern A und B groß genug ist, um ein Ausweichen der beiden Wellenzapfen unter dem Einfluß des Drehmomentes M_2 zuzulassen. Dann ist die Kurbel statisch bestimmt, die Lagerdrücke A und B liegen fest, im Kurbelzapfen wirkt genau wie im Wellenzapfen M_2.

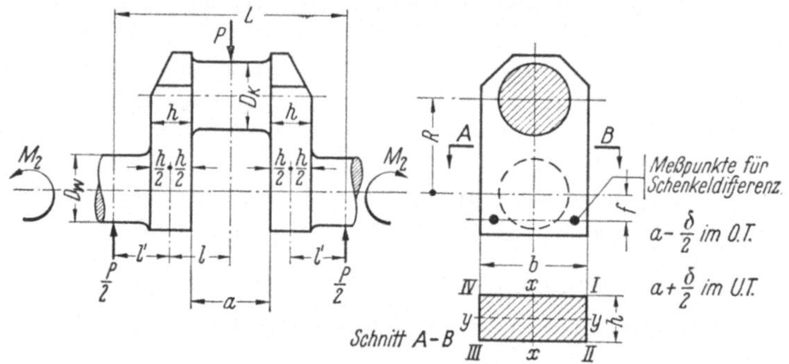

Abb. 86. Kräfteverlauf in der Kurbel.

Für die weitere Berechnung muß nun der Verlauf der Kolbenkräfte in Abhängigkeit vom Kolbenweg bzw. Kurbelwinkel bekannt sein, außerdem müssen noch die Massenkräfte des gesamten Triebwerkes eingeführt werden. Für diese Aufgabe wird auf die Literaturstellen [*11, 44, 45*] hingewiesen.

Man berechnet zunächst die Beanspruchung der Kurbel im Totpunkt, wo meistens die Stangenkraft und die Biegungsbeanspruchung am größten ist. Man vernachlässigt auch meistens die Massenkräfte, weil man damit rechnen muß, daß auch bei niedrigster Drehzahl die gleichen Arbeitsdrücke wie bei höherer Drehzahl auftreten. Wenn dies auf Grund des Arbeitsprozesses im Zylinder nicht der Fall ist, wird man die Rechnung einmal für niedrige, einmal für hohe Drehzahl durchführen.

Gemäß Abb. 86 wirkt in Kurbelmitte die Kraft $P = \frac{\pi}{4} D^2 \cdot p$, das Biegungsmoment an dieser Stelle ist

$$M = \frac{P \cdot L}{4},$$

wenn man, wie erwähnt, die beiderseitigen Stützmomente vernachlässigt. Mit der Annahme fester Einspannung (Tangente der Biegungslinie an beiden Lagerstellen $= 0$) wäre einzusetzen:

$$M = \frac{P \cdot l}{8}.$$

Diese Annahme ist aber zweifellos etwas zu günstig, sie wird aber teilweise in der Literatur verwendet. Ein Kompromiß $M = 3/16$ oder $1/6 \cdot P \cdot l$ erscheint vernünftig.

Das in der Kurbelwelle wirkende Drehmoment M_D wird aus der Summierung der Drehkraft-Diagramme ermittelt. Wenn man nun zur Vereinfachung und Erhöhung der Sicherheit annimmt, daß das Maximum von M_D mit dem des Biegemomentes M_B zusammenfällt, so ergibt sich aus den beiden Werten

$$\sigma_B = \frac{M_B}{W_B} \quad \text{und} \quad \tau = \frac{M_D}{W_D}$$

die Vergleichsspannung nach Gl. (14)

$$\sigma_v = \sqrt{\sigma_B^2 + 3\,(\alpha \cdot \tau)^2}\,.$$

Bei dem üblichen S.M.-Stahl mit 50 bis 60 kp/mm² Festigkeit wird bei normalen Maschinen für Dauerbetrieb σ_v nicht über 650 bis 700 kp/cm² gewählt [*11*].

Bei dieser Methode haben wir vernachlässigt, daß:

1. beide Beanspruchungen sich aus einer ruhenden und einer Wechselbeanspruchung zusammensetzen, wobei die Anteile vom Arbeitsdiagramm der Maschine, der Zylinderzahl usw. abhängen,
2. das Maximum der Drehbeanspruchung nicht stets mit dem Maximum der Biegebeanspruchung zusammenfällt. Dies läßt sich nur durch ganz sorgfältige Aufzeichnung der Drehkraftdiagramme feststellen,
3. dieses Maximum nicht unbedingt in der letzten Kurbel am Kupplungsflansch liegt, sondern manchmal an anderen Kurbeln,
4. praktisch bei allen vielzylindrigen Motoren durch Drehschwingungen, evtl. auch Biege- und Längsschwingungen zusätzliche Wechselbeanspruchungen oft von sehr hoher Frequenz auftreten,
5. aus der Form der Welle an gewissen Stellen sehr hohe Spannungsspitzen entstehen, und zwar an ganz anderen Querschnitten.

Die exakte Ermittlung dieser Faktoren erfordert eine umfangreiche Untersuchung der Grundlagen und schließlich einen großen Rechenaufwand, der allerdings bei Einsatz von modernen Rechenmaschinen erträglich wird. Eine erhebliche Unsicherheit bezüglich der verschiedenen Annahmen bleibt aber immer bestehen. Sie würde nur dann z. T. ausfallen, wenn es sich um eine Serie von Vergleichsrechnungen handelt. Über solche Rechenverfahren berichten die Veröffentlichungen [*43—50*].

Nicht nur die Beanspruchung im Kurbelzapfen, sondern auch die in den Kurbelwangen ist für die Haltbarkeit der Welle von großer Bedeutung. Mit den anfangs vorgebrachten vereinfachten Annahmen erfolgt die Nachrechnung nach folgender Methode:

Gemäß Abb. 86 wirkt im Querschnitt das Biegungsmoment

$$M'_B = \frac{P \cdot l'}{2}\,,$$

woraus sich die Biegungsbeanspruchung um die y—y-Achse ergibt:

$$\sigma_y = \frac{M'_B \cdot 6}{b \cdot h^2}\,.$$

Das Drehmoment M_2 bewirkt in der Wange eine Biegung um die x—x-Achse mit der Biegungsbeanspruchung

$$\sigma_x = \frac{M_2 \cdot 6}{h \cdot b^2}\,.$$

Zudem wirkt im Wangenquerschnitt noch die Längskraft $\frac{P}{2}$; im oberen Totpunkt ergibt sich hieraus die Druckbeanspruchung

$$\sigma_z = -\frac{P}{2 \cdot b \cdot h}.$$

Im unteren Totpunkt ist σ_z positiv (Zugbeanspruchung). In der höchstbeanspruchten Kante der Wange haben wir mit einer Beanspruchung $\sigma_x + \sigma_y \pm \sigma_z$ zu rechnen. Unter den gleichen Verhältnissen wie oben ist eine Beanspruchung von 800 bis 900 kp/cm² zulässig.

Mit dieser vereinfachten Berechnung trifft man in allen Normalfällen die Höchstbeanspruchung von Kurbelzapfen und Wange und kann sich alle weiteren Berechnungen ersparen. Nur wenn es sich um eine Einzelkurbel handelt, bei der $M_2 = 0$ ist, wird man noch eine Berechnung für die Stellung durchführen, die das größte Drehmoment an der Kurbel selbst ergibt. Gemäß Abb. 85 ist

$$\left.\begin{aligned} \text{Tangentialkraft } P_t &= \frac{P \cdot \sin(\varphi + \beta)}{\cos \beta}, \\ \text{und Radialkraft } P_r &= \frac{P \cdot \cos(\varphi + \beta)}{\cos \beta}. \end{aligned}\right\} \tag{58}$$

In der Mitte des Kurbelzapfens wirkt dann das Biegungsmoment

$$M_B = \frac{P \cdot L}{\cos \beta \cdot 4}$$

und das Drehmoment $M_D = P_t \cdot r$. Aus diesen beiden Momenten ist dann gemäß Gl. (14) eine Vergleichsspannung zu errechnen.

Im Querschnitt der Wange ergeben sich folgende Kräfte und Beanspruchungen:

1. Aus P_r eine Längsbeanspruchung $\sigma_z = -\frac{P_r}{2 \cdot b \cdot h}$.
2. Aus P_r eine Biegungsbeanspruchung um die Achse $y—y$:

$$\sigma_y = \frac{P_r \cdot l' \cdot 6}{2 \cdot b \cdot h^2}.$$

3. Aus der Reaktion von P_t in beiden Lagern eine Verdrehung des Schenkels mit dem Moment $\frac{P_t \cdot l'}{2}$, woraus sich eine Drehbeanspruchung des Schenkels ergibt:

$$\tau = \frac{P_t \cdot l'}{2\,\eta_2 \cdot b^2 \cdot h},$$

wobei nach [*1*, S. 927] die Konstante $\eta_2 = 0{,}24—0{,}28$ ist.

Die Höchstbeanspruchung der Wange liegt hier in der Mitte der langen Seite des Querschnittes: sie ist

$$\sigma_v = \sqrt{(\sigma_y + \sigma_z)^2 + 3\,(\alpha \cdot \tau)^2}.$$

Es muß nochmals betont werden, daß diese Berechnungsart nur eine Vergleichsrechnung ist, zu deren Beurteilung zahlreiche Erfahrungswerte notwendig sind. Der wesentliche Punkt ist, daß die höchsten Beanspruchungen nicht in den betrachteten Querschnitten liegen, sondern dort, wo sich aus der Formgebung der Welle hohe Spannungsspitzen ergeben. Meistens ist dies der Übergang des Kurbelzapfens zur Wange und zwar in der Ebene der Kröpfung, wenn der Anteil der Biegebeanspruchung ziemlich hoch ist. Mit zunehmendem Anteil der Drehbeanspruchung rückt die Stelle der höchsten Spannungsspitze mehr und mehr aus dieser Ebene heraus.

Eine weitere gefährliche Spannungsspitze kann in Zapfenmitte am Austritt der Ölbohrung auftreten. Deren Ausbildung ist große Sorgfalt zu widmen. Manche Firmen vermeiden bei Kreuzkopf-Motoren diese Schmierbohrungen überhaupt, indem sie das Kurbellager vom Kreuzkopf aus schmieren.

In den genannten Veröffentlichungen werden Spannungsspitzen nach sorgfältiger Vorausbestimmung der Kräfte und Momente durchgerechnet. Mit Spannungsmessungen und Ermittlung der tatsächliche Dauerfestigkeiten ergeben sich dann Formziffern von 3,5 bis 7,0 bei Biegung, von 1,7 bis 2,8 für Torsion. Die Sicherheitszahlen für größere Wellen wurde zu 1,35 bis 2,0 ermittelt.

Die angedeuteten genaueren Berechnungsmethoden brauchen wohl noch einige Zeit der Entwicklung, bevor sie ausreichende Sicherheit bieten.

Auf jeden Fall ist zu bedenken, daß alle unsere Berechnungen annehmen, daß die Welle absolut starr gelagert ist, d. h. daß sämtliche Lager genau in der Mittellinie liegen und darin bleiben. In Wirklichkeit müssen wir immer mit gewissen Verlagerungen und Bewegungen rechnen, außerdem kann die genaue Ausrichtung durch ungleichmäßige Abnützung der Lager schwer gestört werden. Solche Einflüsse sind rechnerisch kaum zu erfassen, ergeben aber unter Umständen große zusätzliche Beanspruchungen.

4. Bei der Festlegung der Wellenabmessungen für Mehrzylinder-Motoren spielt die Drehsteifigkeit wegen der Lage der kritischen Drehzahlen eine wichtige Rolle. Bei Neukonstruktionen wird niemals die Kurbelwelle endgültig festgelegt, bevor die Schwingungsrechnung vorliegt. Es ist dann oft notwendig, die Welle zu verstärken, um eine gefährliche Kritische über den Betriebsbereich zu bringen (vgl. Abschn. II. B und [*11*, *44*, *45*]). Bei schnellaufenden Motoren ist aber der Wellenverstärkung bald eine Grenze gesetzt, da die Triebwerksgewichte und damit die Fliehkräfte zu groß werden, daraus folgt eine Überbeanspruchung des Gestelles und insbesondere der Lager, deren Tragfähigkeit meist schon bis an die Grenze ausgenützt ist. Ein Ausgleich der Fliehkräfte durch Gegengewichte an den Kurbeln würde der eigentlichen Absicht entgegenwirken, denn deren Massen würden die Eigenschwingungszahl wieder herabdrücken. Es bedarf sehr eingehender Untersuchungen und schließlich praktischer Erfahrungen, ob man die starke, drehsteife Welle ohne Gegengewichte oder eine normale Welle (evtl. mit Gegengewichten) und dazu einen Schwingungsdämpfer verwendet.

5. Bei großen schweren Wellen ist zu berücksichtigen, daß bei großen Schmiedestücken die vorgeschriebenen Festigkeitswerte nicht überall unbedingt eingehalten werden können. Kleine Fehlstellen können gerade in die Gegend von Spannungsspitzen kommen und damit den ersten Anlaß zu einem Dauerbruch bilden. Außerdem ist allgemein auf den Größeneinfluß für die Bestimmung der Dauerfestigkeit hinzuweisen (Abb. 30). Für Kurbelwellen üblicher Bauart, die für Kolbenmaschinen mittlerer und größter Abmessungen den schwersten Bedingungen an Bord von Schiffen entsprechen müssen, haben die Klassifikationsgesellschaften wertvolle Grundlagen und Berechnungsformeln entwickelt. Eine sehr eingehende kritische Betrachtung dieser Formeln findet man in [*11*, *51*, *52*]. Sie stützen sich auf jahrelange Erfahrungen im Seebetrieb und werden laufend verbessert und ergänzt. Dadurch werden die vorgenannten Unsicherheitsfaktoren weitgehend ausgeschaltet.

Bevor wir auf diese sehr nützlichen Formeln eingehen, muß noch etwas über die Herstellung und die daraus oft zwangsläufig gegebene Form der Kurbelwellen gesprochen werden.

Man kann drei verschiedene Gruppen unterscheiden:

1. Kleinere Wellen bis etwa 120 mm Zapfendurchmesser, meistens mit 3 bis 6 Kurbeln für Fahrzeuge und Flugzeugmotoren. Das angestrebte geringe Gewicht und die meistens hohe Drehzahl erfordern beste Werkstoffausnützung und hochfeste Stähle. Fast durchwegs werden sie für die Fabrikation in großen Serien langsam und mit sorgfältiger Erprobung nach allen Richtungen entwickelt. Wertvolle Hinweise für die Formgebung von hochbeanspruchten Wellen für Flugzeugmotoren lassen sich aus den Versuchen von LÜRENBAUM [53] erkennen.

Es wurden eine ganze Anzahl von Kröpfungen, die, wie für Flugmotoren üblich, sehr stark hohlgebohrt sind, auf einer Prüfmaschine auf Dauer-Drehfestigkeit untersucht. Die ursprüngliche Form Abb. 87a ergab eine Festigkeit von $\pm$ 8,5 kp/mm²; durch die tonnenförmige Ausbohrung und ellipsenförmige Ausbildung der Wange nach Abb. 87b konnte die Dauerfestigkeit auf $\pm$ 16 kp/mm² erhöht werden. Äußerst wertvoll sind die Untersuchungen über verschiedenartige Stahlsorten, von vergütetem C-Stahl (MS 65) bis zum legierten hochvergüteten

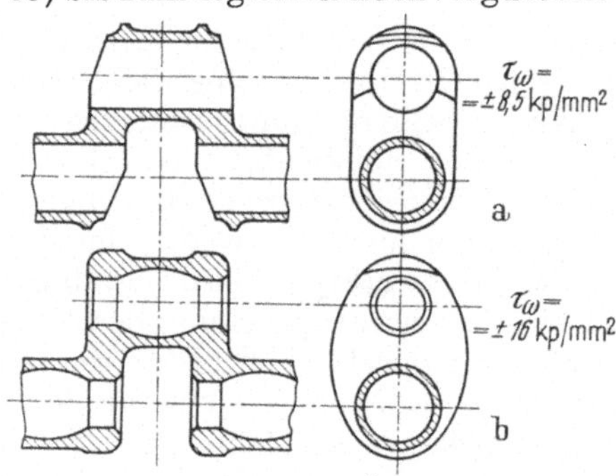

Abb. 87a u. b. Kröpfungsformen mit niedriger und hoher Gestaltfestigkeit.

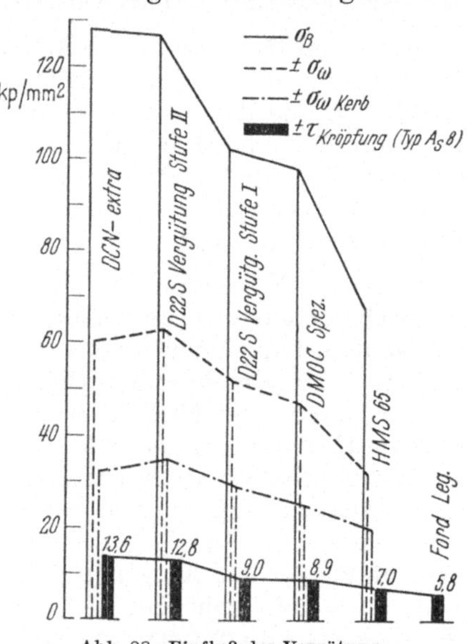

Abb. 88. Einfluß der Vergütung auf Werkstoff und Gestaltfestigkeit.

Sonderstahl. In Abb. 88 gibt der oberste Linienzug die Bruchfestigkeit, der unterste die erreichte Dauerfestigkeit einer bestimmten, immer gleich ausgeführten Kröpfung, an. Ganz rechts ist auch die Dauerfestigkeit der von Ford verwendeten Gußwelle angegeben. Es handelt sich um einen früher von Ford verwendeten Spezialwerkstoff, dessen Eigenschaften durch besondere Gieß- und nachträgliche Behandlungsmethoden zwischen Stahlguß und Gußeisen lagen. Seine Dauerfestigkeit liegt so günstig, daß man mit nur 6,5% Verstärkung der Hauptabmessungen die gleiche Festigkeit wie bei vergütetem C-Stahl erreichen kann.

Die Konstruktion der Wellen hängt natürlich sehr von der Art des Motors und der mechanischen Beanspruchung des Triebwerkes ab. Für leichtere Motoren, insbesondere für Kraftwagen, werden vielfach zwei Kurbeln ohne dazwischen liegendem Wellenlager zusammengefaßt. Diese Bauart ist nur für Motoren mit geringerer Belastung und nicht sehr hohen Drehzahlen üblich, da andernfalls die Wellen wegen zu geringer Steifigkeit zu Schwingungen neigen.

Einige Beispiele mögen die Entwicklung der Kurbelwellen für Kraftwagenmotoren darstellen.

Abb. 89 zeigt die Welle des um 1938 gebauten 1,7 l-Adler-Trumpf Motors, wassergekühlter Reihenmotor, ca. 38 PS bei etwa 3400 Umdr./min, Zyl. ∅ = 74,25, Hub = 95 mm, $S/D = 1{,}28$.

Abb. 90 bringt die Wellenzeichnung des neuen VW-1500 S-Motors. Dieser ist ein luftgekühlter 4 Zyl. Boxermotor von 54 PS bei 4200 Umdr./min, Zyl. ∅ = 83, Hub = 69 mm, $S/D = 0{,}83$. Der Abstand der beiden Kurbeln ohne Zwischenlager beträgt beim Adler-Motor 90 mm, der der Grundlager rd. 200 mm. Beim VW-Motor können wegen der Boxeranordnung diese Maße auf 42,5 bzw. 114 mm vermindert werden. Zusammen mit dem wesentlich verkürzten Hub wird ein außerordentlicher Gewinn an Steifigkeit erreicht.

Die Abb. 90 läßt zahlreiche in diesem Buche besprochene Maßnahmen zur Verbesserung der Laufeigenschaften und der Dauerfestigkeit recht gut erkennen (Induktionshärtung der Zapfen, vorgeschriebene Oberflächengüten, sorgfältige Abrundungen und Formgebungen zur Vermeidung von Kerbwirkungen).

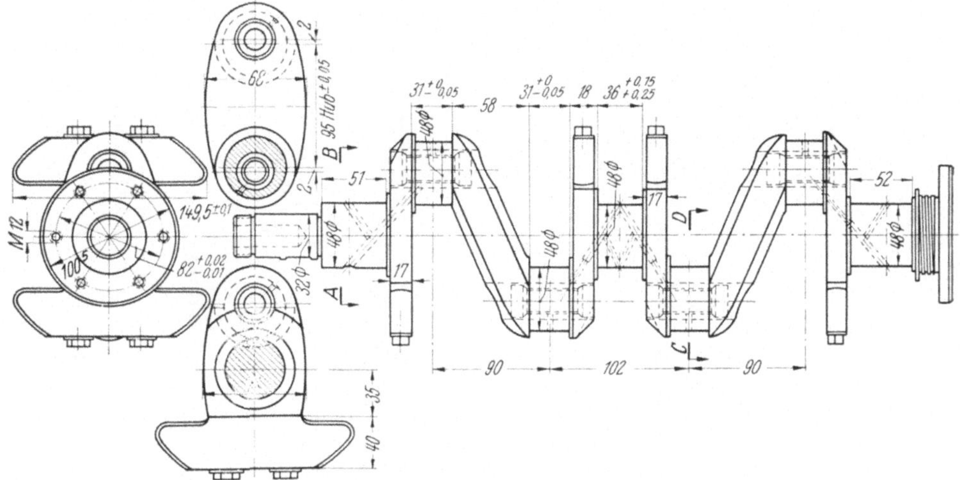

Abb. 89. Leichte Welle für Kraftwagenmotor (1,7 l Adler-Trumpf).

Grundsätzlich anders ist die Konstruktion der Kurbelwellen der Ford-V-Motoren der neuen Wagentypen 12M, 17M und 20M (Abb. 91 u. 92). Diese Wellen werden aus Sphäroguß mit einer Festigkeit von 56 bis 60 kp/mm² gegossen. Die Motoren sind extrem kurzhubig, $S/D = 0{,}65$ bis 0,74). Die V-Anordnung ergibt auch kurze Abstände der zwischen zwei Hauptlagern liegenden Kröpfungen (45,2 mm) aber die Kurbelzapfen liegen nicht mehr in einer Ebene wie beim VW-Motor. Der kurze Hub bewirkt eine starke Überschneidung der Zapfen und damit eine geringere Biegebeanspruchung der Wangen. Die Anordnung der 4 Kurbeln in um 150 und 60° versetzten Ebenen würde zweifellos die Herstellung eines Gesenkstückes erschweren. Es lag daher nahe, zur Gußausführung zu greifen, zumal da im Sphäroguß ein recht zuverlässiges Material zur Verfügung steht. Die vorgeschriebenen Festigkeitswerte (Abb. 91) entsprechen etwa denen von GGG 50 (s. Tab. 2, S. 26). In der Feinstruktur soll der Sphärolitenanteil mindestens 50%, der Perlitanteil mindestens 10% betragen. Es wird angenommen, daß auf ein Hohlgießen der Zapfen, wie bei früheren Gußwellen von Ford [*54*], mit Rücksicht auf die Massenfabrikation und die Komplikation verzichtet wurde. Zu beachten ist, daß die Brinellhärte der Laufzapfen nach Vorschrift bei 200 bis 255 liegt. Das ist natürlich weit unter den Werten der gehärteten Stahlwelle Abb. 90. Es bedarf daher ganz besonderer Maßnahmen beim Schleifen und Läppen der Zapfen, um einen störungsfreien Lauf mit langer Lebensdauer zu erreichen [*55*].

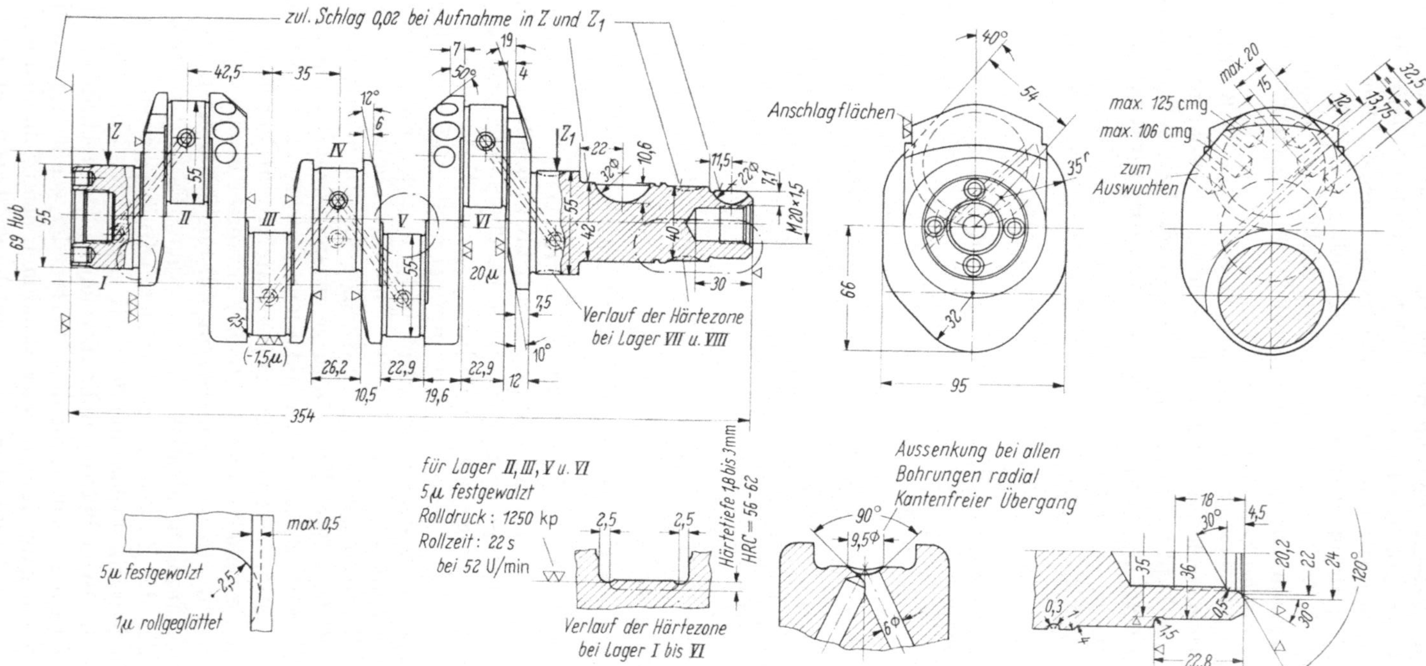

Abb. 90. Kurbelwelle des Volkswagen-Motors 1500 S. Werkstoff: St45, hart vergütet, 80 bis 90 kp/mm², Gewicht fertig: 7,75 kg.

Anmerkung. Die Abb. 90, 91 und 93 sind vereinfachte Ausführungen der Original-Zeichnungen, für deren Überlassung der Verfasser den betreffenden Firmen besonders zu danken hat.

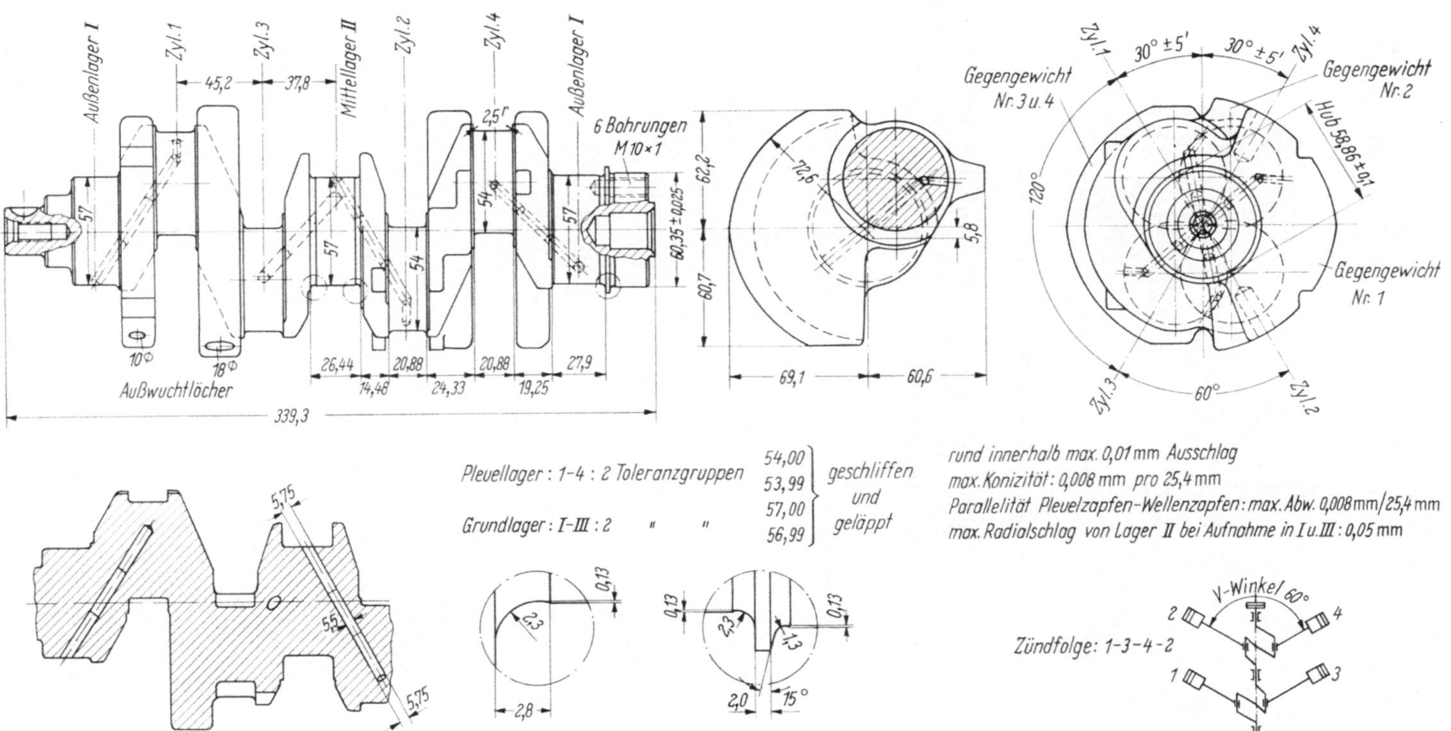

Abb. 91. Kurbelwelle des Ford-Motors V4–1,5 l. Typ 12M.
Werkstoff: Kugelgraphitguß, Streckgrenze: min 42,2 kp/mm², Zugfestigkeit: min 56,3 kp/mm², Dehnung: min 3% Gewicht: 10,25 kg.

In ganz ähnlicher Ausführung wird die Welle des 6 Zyl.-V-Motors für den Typ M20 und 20M TS (90 PS bei 5000 Umdr./min, $S/D = 0{,}72$) gegossen. Sie hat 6 in gleichem Abstand von 60° angeordnete Kurbeln mit einem Hub von

Abb. 92. G.E.-Kurbelwelle des Ford-Motors V6–2 l. Typ 20M, 20M TS.

60,14 mm, wobei die Pleuellager *1,4* und *2,5* sowie *3,6* jeweils nebeneinander liegen. Die Zapfen haben die gleichen Durchmesser wie die Welle Abb. 91. Die Welle hat eine Gesamtlänge von 484 mm und ein Fertiggewicht von 13,85 kg. — Bei

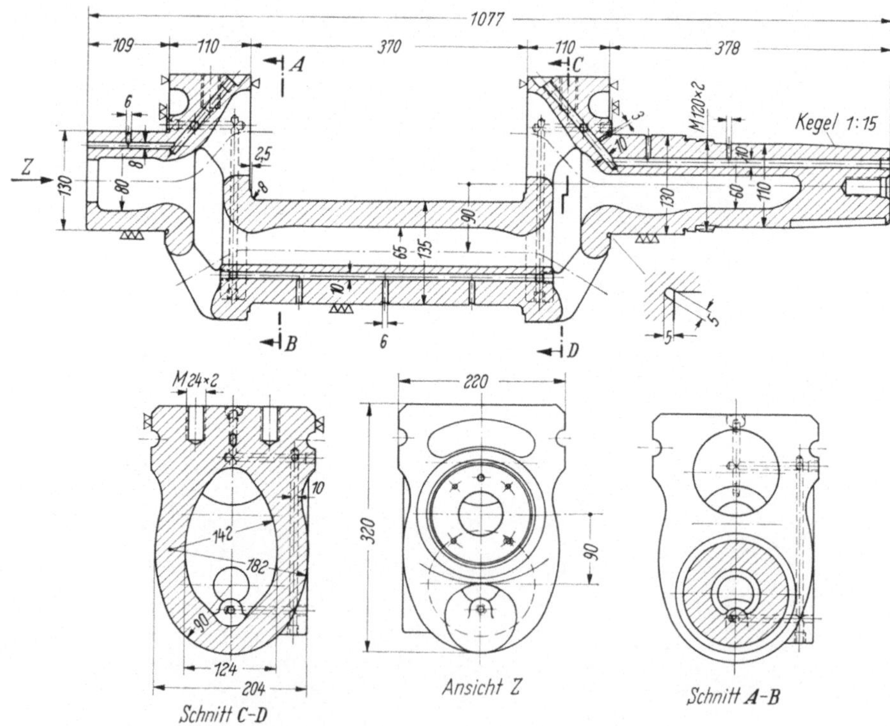

Abb. 93. Kompressor-Kurbelwelle (Maschinenfabrik Eßlingen).
Werkstoff: Sphäroguß GGG 60 geglüht (Rohgewicht: ca. 160 kg).

Motoren mit schärferer Triebwerksbelastung, insbesondere Dieselmotoren, aber auch bei Kraftwagen-Motoren mit hoher Drehzahl wird vorgezogen, jede Kurbel rechts und links zu lagern, wobei die Lagerbreite oft sehr beschränkt wird. Solche Wellen werden vorwiegend aus Spezialstählen gefertigt und, soweit Serienfabrikation vorliegt, ins Gesenk geschlagen. Meistens können die Kurbeln gleich im Gesenk in Stellung geschmiedet werden, Wangen und Gegengewichte werden oft überhaupt nicht bearbeitet. Soweit die Stückzahl den erheblichen Aufwand für die Gesenke lohnt (Vor- und Fertiggesenk), werden 6 bis 8hübige Wellen bis etwa 2 m Länge, 130 mm Zapfendurchmesser und etwa 300 kg Fertiggewicht nach diesen Methoden hergestellt.

Seit vielen Jahren bemühen sich verschiedene Firmen, Wellen dieser Art und auch noch wesentlich größere, in Sphäroguß zu gießen [*56*]. Erfolge sind schon erreicht worden, es scheint aber, daß die andauernde Erhöhung der Beanspruchung dieser Motoren (Zünddrücke, Drehzahl und Drehmoment) doch meistens wieder auf Stahl zurückführen, nicht nur wegen der Festigkeit, sondern auch wegen der durch Induktionshärtung erreichbaren hohen Brinellhärte. Dies spielt für die Betriebssicherheit der hochbeanspruchten Lager eine sehr große Rolle.

In USA hat man anscheinend nicht eine so vorsichtige Einstellung, Sphärogußwellen werden dort auch für größere Dieselmotoren, z. B. für schwere Lokomotiven, verwendet. Im Jahre 1965 hat die Firma Fairbanks Morse einen neuartigen Zweitaktmotor mit 1000 PS/Zyl. bei 400 Umdr./min herausgebracht. Bei einem 12 Zyl.-V-Motor von 12000 PS sollen alle Triebwerksteile (Kurbelwelle, Nockenwelle, Treibstangen) aus Sphäroguß gefertigt werden. Dabei hat die Kurbelwelle nach den veröffentlichten Skizzen (s. [*57*]) einen Zapfendurchmesser von etwa 425 mm, die Gesamtlänge ist auf über 6 m zu schätzen.

Für andere Kolbenmaschinen mit geringerer Beanspruchung führt sich Sphäroguß in größerem Umfang ein, etwas behindert dadurch, daß dieser Sonderwerkstoff nur von ganz bestimmten Gießereien geliefert wird und durch Lizenzkosten und spezielle Gießverfahren belastet ist. Als Beispiel zeigt Abb. 93 die Zeichnung einer Kompressor-Kurbel, wie sie von der Maschinenfabrik Esslingen in Serien gegossen und gefertigt wird. Besonders bemerkenswert ist, wie man durch Hohlguß eine in bezug auf Festigkeit und Werkstoffersparnis günstige Form gefunden hat. Man muß allerdings dadurch ziemlich komplizierte Bohrungen für die Schmierölversorgung der Lager in Kauf nehmen.

2. Mehrhübige Wellen größerer Abmessungen, z. B. solche für Dieselmotoren mittlerer Größe, werden durchwegs als geschmiedete Wellen ausgeführt. Der Stahlblock wird zunächst unter der Schmiedepresse soweit als möglich vorgeformt, alle weitere Formgebung muß durch mechanische Bearbeitung erfolgen. Daraus ergibt sich von selbst die Form der Wangen. Bei zahlreichen gegeneinander versetzten Kurbeln ist es kaum möglich, diese beim Vorschmieden in die richtige Stellung zu drücken. Man schmiedet dann alle Kurbeln in der Rohform in einer Ebene (oder auch in zwei um 90° versetzten Ebenen und bringt die Kurbeln dann durch Schränken in die gewünschte Stellung (Abb. 94). Dazu werden am Rohblock zunächst die Wellenzapfen (mit entsprechender Zugabe) herausgearbeitet. Schrittweise werden dann die Wellenstücke wieder auf Schmiedetemperatur gebracht und die einzelnen Hübe in die entsprechende Stellung gedreht. Dabei erleiden die Wellenzapfen eine beträchtliche plastische Verdrehung. Aus der Stärke und Länge des Wellenzapfens und dem Schränkungswinkel ergibt sich die Verzerrung in der Außenfläche des Zapfens (jede Längslinie wird zu einer Schraubenlinie). Diese Verzerrung darf wegen der Gefährdung der Werkstoffeigenschaften ein gewisses Maß nicht überschreiten. Im allgemeinen sind Schränkungen von mehr als 90° zu vermeiden.

Als Nachteile dieses Verfahrens sind zu erkennen:

1. Es muß ein verhältnismäßig großer Schmiedeblock verwendet werden, sehr viel Material muß verspant werden.

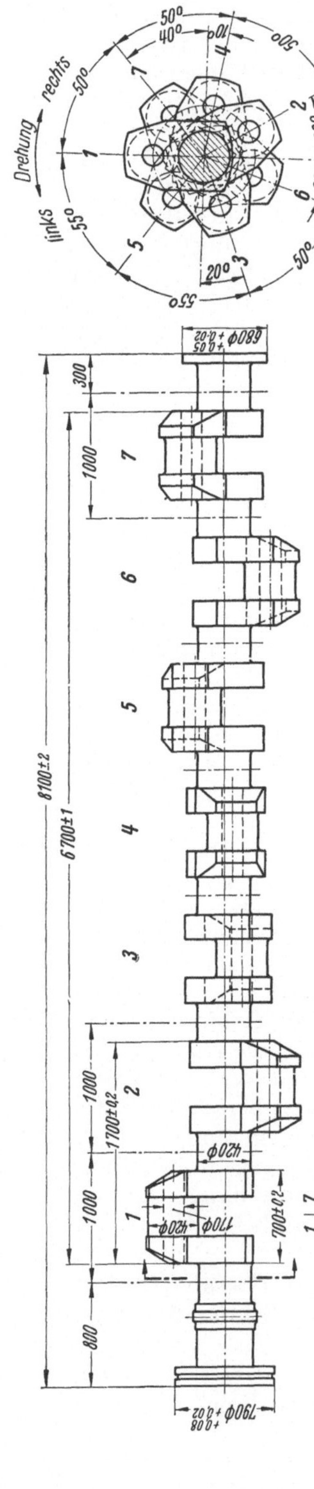

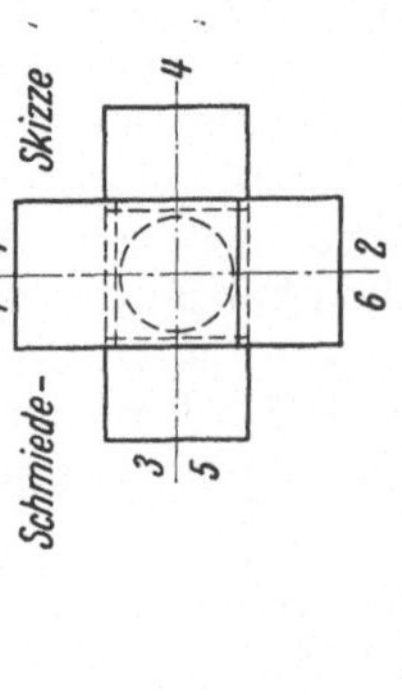

Abb. 94. Geschmiedete schwere Welle mit Angabe der Schränkungen.

Schränkungs-Verfahren:

Operation I: Zwischen Kurbel 1 u. 2 geschränkt um 30° nach links, 2 bis 7 um 30° nach links gedreht.
Operation II: Zwischen Kurbel 2 u. 3 geschränkt um 10° nach rechts, 3 bis 7 um 20° nach links gedreht.
Operation III: Zwischen Kurbel 3 u. 4 geschränkt um 30° nach rechts, 4 bis 7 um 10° nach rechts gedreht.
Operation IV: Zwischen Kurbel 4 u. 5 geschränkt um 25° nach rechts, 5 bis 7 um 35° nach rechts gedreht.
Operation V: Zwischen Kurbel 5 u. 6 geschränkt um 15° nach links, 6 bis 7 um 20° nach rechts gedreht.
Operation VI: Zwischen Kurbel 6 u. 7 geschränkt um 30° nach rechts, 7 um 50° nach rechts gedreht.

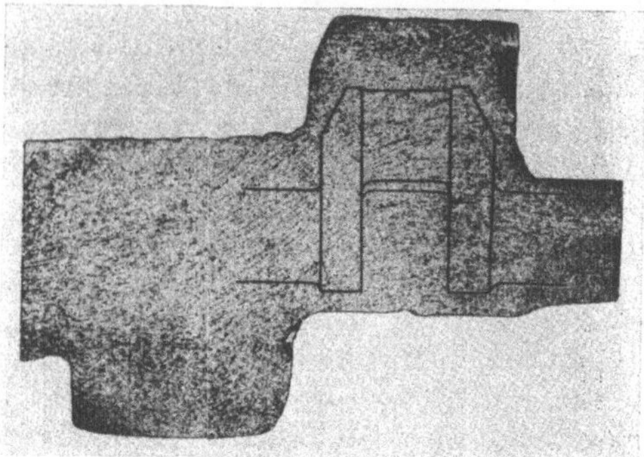

Abb. 95.
Geschnittener Faserverlauf beim „Freischmieden".

2. Bei neueren Motoren werden die Zylinderabstände und Lagerlängen immer kürzer, wodurch sich die Nachteile des „Schränkens" noch mehr auswirken.

3. Der durch den Schmiedevorgang gegebene Faserverlauf ist ungünstig, durch das mechanische Herausarbeiten der Kurbeln wird er direkt durchgeschnitten (s. Abb. 95).

Für die Fabrikation von Kurbelwellen mittlerer Größe (bis etwa 250 mm Zapfendurchmesser), soweit sie in größeren Stückzahlen gefertigt werden, sind neuartige Schmiede- und Bearbeitungsverfahren entwickelt worden, von denen das der MAN patentierte Verfahren besonders bemerkenswert ist[1]. Es geht von einem Rohling mit angeschmiedetem oder angestauchtem Kupplungsflansch aus, der auf einen vorher ermittelten Durchmesser abgedreht wird (Abb. 96).

Saubere Fläche des Ausgangsmaterials ist damit gesichert. Die Lagerstellen werden nunmehr unter der hydraulischen Presse eingerollt, wobei jeweils nur der betreffende Teil induktiv erwärmt wird. Dann wird jede Hubstelle einzeln induktiv erwärmt und die betreffende Kurbel in einer Gesenkpreßvorrichtung in Form und Stellung gepreßt. Die Faser folgt bei diesem Vorgang ziemlich genau der

[1] Erfinder: Obering. A. Schwartz. Beschreibung in VDI-Nachr. v. 23. 5. 1962 unter dem Titel: Die Schmiedefaser in der Kurbelwelle bleibt ungestört.

Kurbel (Abb. 97). Die Wangen erhalten die Form einer Ellipse, die bei der Fertigbearbeitung auf einer entsprechenden Spezialbank bearbeitet werden kann. Die Wellen kommen mit recht wenig Zugabe aus der Schmiede, das Gewicht des Rohlings beträgt weniger als die Hälfte des Blockes, der beim bisher üblichen Verfahren gebraucht wird; der Aufwand für die Maschinenbearbeitung ist auch dementsprechend geringer. Selbstverständlich erfordert das Verfahren neue kostspielige Einrichtungen, das Gesenk, die Vorrichtung für das induktive Erwärmen und die Spezial-Drehbank. Die Wirtschaftlichkeit des Verfahrens ist daher an eine gewisse Stückzahl der Fertigung gebunden.

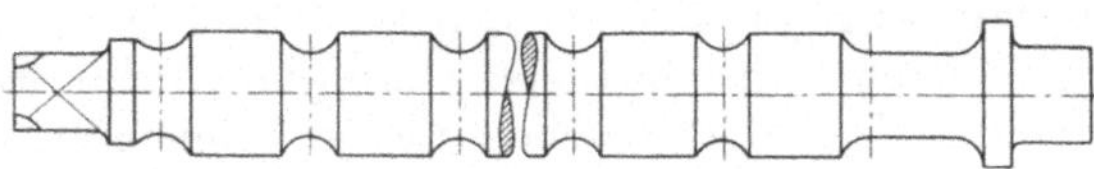

Abb. 96. Formrohling mit eingerollten Lagern.

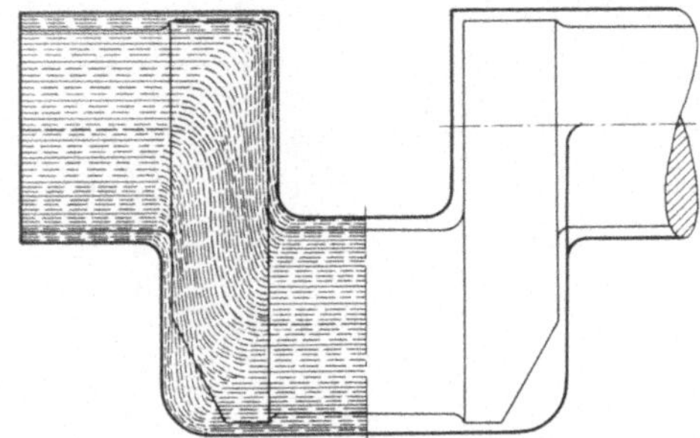

Abb. 97. Gepreßter Hub nach MAN-Verfahren.

Der fertiggestellte Schmiederohling wird zunächst noch einmal geglüht, dann weiter auf die Endform mit entsprechender Zugabe vorgeschruppt und anschließend der endgültigen Wärmebehandlung unterzogen. Durch längeres Glühen bei einer ganz bestimmten Temperatur (die sich nach dem C-Gehalt des Stahles richtet) und einer festgelegten Abkühlungsmethode werden ein gleichmäßiges feines Gefüge und die besten Festigkeitswerte erreicht (Normalisieren). Nun werden die an beiden Enden vorbereiteten Werkstoffproben entnommen. Erst wenn diese entsprechen, wird die Welle zur Fertigbearbeitung freigegeben.

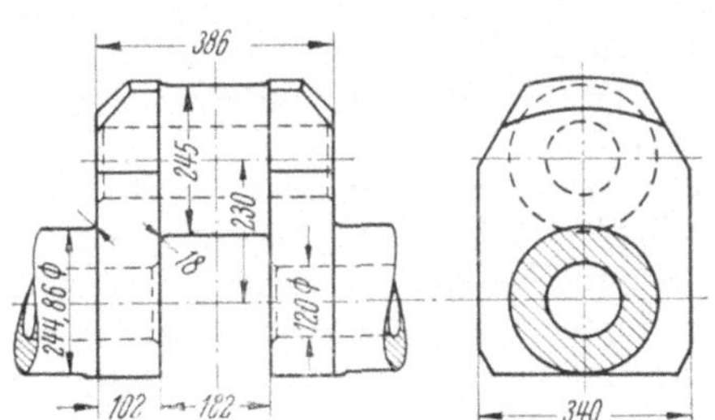

Abb. 98. Geprüfte Kurbelkröpfung.

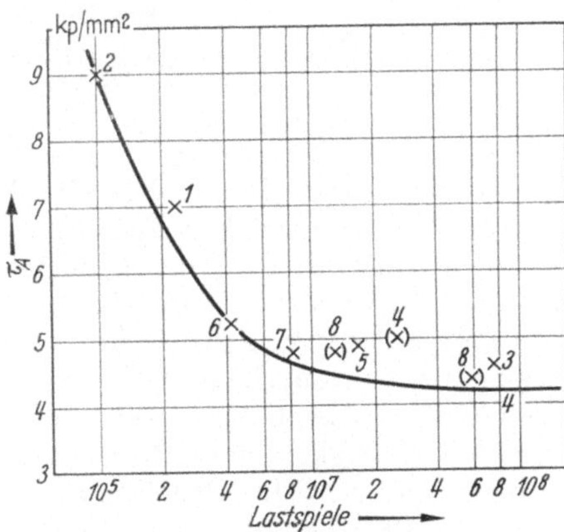

Abb. 99. Wöhler-Kurve der Drehdauerfestigkeit der Kröpfung nach Abb. 98.

Über die Dauerfestigkeit solcher Wellen hat LEHR [*43*] sehr interessante Untersuchungen anstellen können, nachdem er eine Prüfvorrichtung zur Untersuchung naturgroßer Kurbeln entwickelt hatte. Es handelte sich um eine durchaus bewährte Welle eines hochbeanspruchten Dieselmotors nach Abb. 98. Die Festigkeitswerte des Werkstoffes waren (Sonderstahl 35.61):

Streckgrenze 30 kp/mm², Dehnung $\delta_5 = 22\%$, Bruchfestigkeit 55—65 kp/mm², Kerbschlagfestigkeit (DVM) = 6 mkp/cm².

Die mittlere Analyse: C = 0,35—0,40%, Mn = 0,8%, Si = 0,35%, S, P je < 0,04%, S + P < 0,07%.

Es handelt sich also um einen unlegierten S.M.-Stahl sehr guter Qualität. In der Prüfvorrichtung waren die Kurbeln als Federglieder in ein frei schwingendes Zweimassensystem eingespannt, Schwingungszahl etwa 1000/min. Es lag also eine reine Drehwechselbeanspruchung vor. Abb. 99 zeigt als wichtigstes Ergebnis die Wöhler-Kurve der Kurbel, die Drehdauerfestigkeit ist also bei 10^8 Lastwechsel ca. 4,2 kp/mm² (theoretische Nennspannung bezogen auf den Querschnitt 245/120 ∅). Nach der Theorie der kombinierten Beanspruchungen (Abschn. I. B) würde dies einem σ_v von $1{,}7 \cdot \tau = 7{,}1$ kp/mm² entsprechen. Dieses Ergebnis ist sehr bedeutungsvoll, die Übertragung in die Praxis muß natürlich mit einer großen Vorsicht erfolgen, denn die Versuchsbedingungen unterscheiden sich doch wesentlich von den wahren Betriebsbedingungen einer Kurbelwelle. Gut vergleichbar sind sie aber für die Wellenbeanspruchung bei Drehschwingungen. Eine zusätzliche reine Schwingungsbeanspruchung von 2,50 bis 3,00 kp/mm² ist schon als eine Gefährdung der Welle anzusehen.

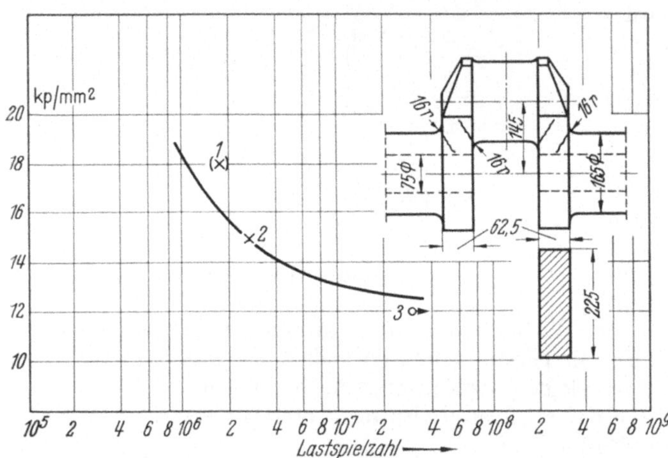

Abb. 100. Wöhler-Kurve der Biegedauerfestigkeit einer Kurbel mit 165 ∅ Zapfen.

Sehr wichtig war weiter die Erkenntnis, daß durch magnetische Durchflutung festgestellte kleine Fehlstellen die Festigkeit der Welle nicht beeinträchtigen. Wurde eine etwas größere Fehlstelle bis zu 10 mm Tiefe ausgefräst und die Vertiefung überall mit $r = 10$ gut ausgerundet, so war diese Stelle selbst in der meist gefährdeten Abrundung unbedenklich [*43*, *58*, *59*].

Lehr untersuchte weiterhin eine kleine Welle von 165 mm Zapfendurchmesser auf der Dauerbiege-Prüfmaschine. Die Skizze der Kurbel und die erhaltene Wöhler-Kurve zeigt Abb. 100. Bezogen auf den Wangenquerschnitt ergibt sich eine Dauerfestigkeit von 12 bis 13 kp/mm², wobei der Zapfen nur mit 4 kp/mm² beansprucht ist. Die Bruchlinien verlaufen in der Wange nicht zwischen den beiden Hohlkehlen von Kurbelzapfen und Lagerzapfen, wie man erwarten sollte. Dies hängt sicher mit der Überschneidung der beiden Zapfendurchmesser zusammen (beide haben 165 mm ∅, der Kurbelradius ist 145 mm; vgl. Formel des Germanischen Lloyd für solche Wellen, S. 92). Die Untersuchung zeigt klar, daß die Welle eine ungünstige Form hat, die Kurbelwange müßte um 10 bis 15% verstärkt werden, damit ihre Festigkeit mit der des Kurbelzapfens übereinstimmt.

3. Bei schwersten Wellen für Großmotoren kommt man bald an eine Grenze wo man mit Rücksicht auf den Zerspanungsaufwand und das Risiko von Werkstoffehlern die Welle nicht mehr aus einem Schmiedeblock fertigen kann. Eine achthübige Welle mit 350 mm Zapfendurchmesser und eine Gesamtlänge von 8,75 m, Fertiggewicht 12,4 t, Gewicht des Schmiedestückes etwa 47 t dürfte wohl als

eine Grenzleistung zu betrachten sein. Längere Wellen werden grundsätzlich in zwei durch Flanschkupplung verbundenen Hälften ausgeführt.

Bei Kurbeln mit noch größeren Abmessungen geht man dazu über, die Wellen aus einzelnen Stücken durch Schrumpfsitz zusammenzubauen, sofern dies nach der Form möglich ist. Man unterscheidet zwei Bauarten:

a) Die ganz gebaute Welle (Abb. 101). Jede Kurbel wird aus zwei Wangen dem Kurbel- und dem Wellenzapfen zusammengebaut.

b) Die halbgebaute Welle (Abb. 102), bei der Kurbelzapfen und zwei Wangen jeweils ein Hubstück bilden, in das dann beim Zusammenbau die Wellenzapfen eingeschrumpft werden. Die Hubstücke werden nach folgenden Methoden gefertigt:

1. Aus einem entsprechendem Schmiedestück herausgeschnitten. Das Verfahren ist einfach, hat aber den großen Nachteil, daß der Faserverlauf durch-

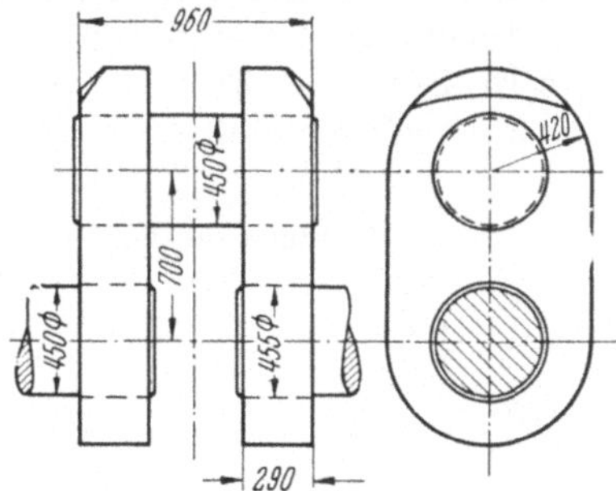

Abb. 101. Ganz gebaute Kurbelwelle.

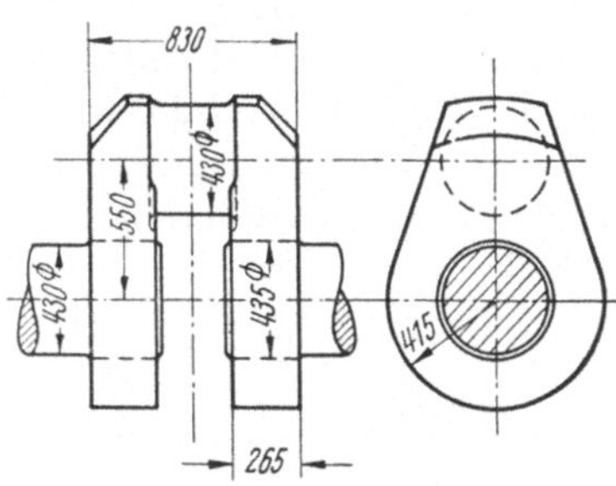

Abb. 102. Halb gebaute Kurbelwelle.

schnitten wird und unter Umständen erhebliche Seigerungen gerade an die Stellen höchster Beanspruchung (Unterseite Kurbelzapfen) kommen können.

2. Spezialschmiedeverfahren, evtl. mit Gesenken, die von einigen Firmen entwickelt wurden, um die unter 1. genannten Nachteile zu vermeiden.

3. Heute werden die großen Hubstücke zum größten Teil in hochwertigem Stahlguß gegossen. Bei Fertiggewichten von 3,5 bis 7,0 t, die mit Einsätzen von 6 bis 10 t verbunden sind, werden vollkommen blasen- und fehlerfreie Stücke geliefert, die auch den schärfsten Abnahme-Bedingungen der Abnahme-Gesellschaften entsprechen.

Bei der Bauart a) ist Voraussetzung, daß der Kurbelradius mindestens 1,30 d ist, damit zwischen den beiden Preßsitzen in den Wangen genügend Material ist. Sie hat den Vorteil, daß die Welle aus einfachsten Schmiedestücken, für die Wangen auch Stahlguß-Stücken, evtl. mit angegossenen Gegengewichten, zusammengesetzt ist (geringes Risiko für Materialfehler). Die gefährlichste Stelle der massiven Kröpfung, nämlich der Übergang von den Wangen zu den Kurbelzapfen verwandelt sich in eine einfache Preßverbindung mit klarem Verlauf der Beanspruchung. Wegen der großen Kurbelwangen sind die Wellen aber sehr schwer und erzeugen große Fliehkräfte. Ausgleich durch Gegengewichte vergrößert das Gewicht noch mehr.

Wegen der Bedingung $r > 1{,}30\,d$ und des hohen Gewichtes werden schwere Wellen heute meist als halbgebaute Wellen nach Abb. 102 ausgeführt, soweit dies mit Rücksicht auf das Verhältnis von Radius und Zapfendurchmesser möglich ist. Damit die Spannungsspitze am Übergang vom Kurbelzapfen zur Wange nicht mit der höchsten Schrumpfspannung zusammenfällt (vgl. Abschn. III. A), sollte r mindestens 1,14 d sein. Für kurzhubige Wellen kommt nur die ganz geschmiedete Welle in Betracht.

Die Schrumpfdurchmesser werden nur wenig größer als d gewählt (+5 mm), damit ein glatter Übergang der Kraftlinien von der Welle zum Schrumpfsitz entsteht. Das Schrumpfmaß liegt zwischen $\frac{1}{550} - \frac{1}{650}$ (Vorschriften von Lloyds Register).

Als besonderer Vorteil der zusammengebauten Wellen sei noch erwähnt, daß im Falle eines Wellenbruches eine Reparatur möglich ist. Unter besonderen Vorsichtsmaßnahmen läßt sich das gebrochene Glied herauslösen und ein Ersatzstück einbauen. Allerdings muß man damit rechnen, daß die Welle für Wiederherstellung der genauen Ausrichtung etwas überdreht werden muß.

Auf S. 79 wurde bereits die Berechnung großer Wellen nach den Vorschriften der Klassifikations-Gesellschaften erwähnt. Deren auf jahrzehntelange Erfahrung beruhenden einfachen Formeln für die Kurbelwellen von Dampfmaschinen und Motoren sind eine wertvolle Grundlage für den Ingenieur, die er benutzen sollte, auch wenn für den betreffenden Bedarfsfall die Erfüllung der Formeln nicht notwendig ist. Nachstehend die wichtigsten Berechnungsformeln des Germanischen Lloyd.:

Für *Kolbendampfmaschinen* mit Kesseldrücken bis 16 atü kommen die beiden Formeln in Betracht:

$$\left.\begin{aligned} 1)\ d_k &= \sqrt[3]{\frac{P \cdot R \cdot n_1 D_1^2}{C_1}}, \\ 2)\ d_k &= \sqrt[3]{\frac{P \cdot R \cdot n D^2}{C}}. \end{aligned}\right\} \tag{59}$$

Dabei ist:
d_k = Durchmesser der Kurbelwelle in cm,
P = absoluter Druck, d. h. Kesseldruck + 1 Atmosphäre in kp/cm²,
R = Kurbelhalbmesser in cm,
D_1 = Durchmesser des Hochdruckzylinders in cm,
D = Durchmesser des Niederdruckzylinders in cm,
n_1 = Anzahl der Hochdruckzylinder,
n = Anzahl der Niederdruckzylinder,
C_1 u. C = Konstanten, die für die verschiedenen Maschinenbauarten die nachstehenden Werte haben:

1. Zweifach-Expansionsmaschinen.

a) Maschine mit 2 verschiedenen Zylindern und 2 Kurbeln unter 90°.

Wenn $\frac{D^2}{D_1^2} < 3{,}48$, so ist in Formel 1) $C_1 = 115$ zu setzen.

Wenn $\frac{D^2}{D_1^2} > 3{,}48$, so ist in Formel 2) $C = 400$ zu setzen.

b) Maschine mit 3 Zylindern und 3 Kurbeln unter 120°. Die beiden Niederdruckzylinder sind gleich.

Wenn $\frac{2\,D^2}{D_1^2} < 4{,}28$, so ist in Formel 1) $C_1 = 105$ zu setzen.

Wenn $\frac{2\,D^2}{D_1^2} > 4{,}28$, so ist in Formel 2) $C = 450$ zu setzen.

c) Für Doppelmaschinen mit je 2 verschiedenen Zylindern und je 2 um 180° versetzten Kurbeln jeder Maschinenhälfte, wobei die beiden Kurbelwellenhälften gegeneinander um 90° versetzt sind gilt die Formel

$$d_k = \sqrt{P \cdot R \frac{D_1^2}{130} + \frac{D^2}{450}}. \tag{60}$$

2. Dreifach-Expansionsmaschinen.

a) Maschine mit 3 verschiedenen Zylindern und 3 Kurbeln unter 120°.

Wenn $\frac{D^2}{D_1^2} < 6{,}60$, so ist in Formel 1) $C_1 = 96$ zu setzen.

Wenn $\frac{D^2}{D_1^2} > 6{,}60$, so ist in Formel 2) $C = 634$ zu setzen.

b) Maschine mit 4 Zylindern und 4 Kurbeln unter 90°. Die beiden Niederdruckzylinder sind gleich.

Wenn $\frac{2\,D^2}{D_1^2} < 7$, so ist in Formel 1) $C_1 = 95$ zu setzen.

Wenn $\frac{2\,D^2}{D_1^2} > 7$, so ist in Formel 2) $C = 665$ zu setzen.

3. Für Kesseldrücke über 30 atü gilt:

$$d_K = \sqrt[3]{\frac{R \cdot P \cdot n_1 D_1^2 \cdot F \left(1 + \ln \frac{n\,D^2}{F \cdot n_1 D_1^2}\right)}{C_2}}. \qquad (61)$$

Dabei ist:

F = Füllung des HD-Zylinders, mind. aber 0,35,
C_2 = 170 für Zweifach-Expansionsmaschinen,
C_2 = 188 für Dreifach-Expansionsmaschinen.

4. Für Kesseldrücke zwischen 16 und 30 atü sind die Formeln (57, 58) und die obige Formel (61) anzuwenden, das größere Ergebnis für d_k ist maßgebend.

5. Die Leitungswellen dürfen 5 v.H. schwächer im Durchmesser sein, als die Rechnung für den Kurbelwellendurchmesser ergibt. Leitungswellen dürfen eine Bohrung von 0,4 ihres Außendurchmessers erhalten. Wird eine weitere Bohrung beabsichtigt, so ist die durch sie verursachte Schwächung durch entsprechende Vergrößerung des äußeren Durchmessers auszugleichen.

Neuerdings wird auch die allgemeingültige Formel angewendet:

$$d_1 = k \sqrt[3]{\frac{N_e}{n} \cdot \eta_g\, C_w}\,. \qquad (62)$$

Dabei ist:

d_1 = Leitungswellen ∅ in mm,
η_g = Wirkungsgrad eines evtl. dazwischengeschalteten Getriebes,
k = 100 allgemein, 95 für Wattfahrt, 93 für Binnenschiffahrt,
C_w = s. unter 6.

6. Als Werkstoff für die Wellen ist geschmiedeter Siemens-Martin-Stahl von 42 bis 50 kp pro/mm² Festigkeit vorausgesetzt, und die Konstanten sind demgemäß berechnet. Bei Verwendung von Werkstoff mit einer Festigkeit von $K_z \geqq 50$ kp/mm² kann dies durch Einsetzen eines Faktors C_w unter der Wurzel berücksichtigt werden. Für C_w gilt die Tabelle auf S. 92; sie darf für Leitungswellen nur bis $\sigma_B = 60$ kp/mm² ausgenützt werden.

Für die Wellen von Schiffsdieselmotoren wird der Wellendurchmesser nach folgender Formel bestimmt:

(Vorausgesetzt ist, daß die Kurbeln gleichmäßig versetzt sind und jede Kurbel zwischen zwei Grundlagern liegt.)

$$d_k = \sqrt[3]{D^2 (\alpha \cdot H \cdot p_{\text{mi}} + \beta \cdot L \cdot p_z)\, C_1}\,. \qquad (63)$$

Hierin bedeuten:

dk = Durchmesser der Kurbelwelle in cm,
D = Zylinderdurchmesser in cm,
H = Kolbenhub in cm,
L = Grundlagermittenentfernung in cm,
p_{mi} = mittlerer indizierter Druck in kp/cm²,
p_z = höchster Zündungsdruck in kp/cm²,
β = Beiwert = 1/650,
α u. C_1 = Beiwerte nach umstehenden Tabellen.

Die auf Grund dieser Angaben ermittelten Werte für d_k gelten für Antriebsmotoren seegehender Schiffe.

Der Wert unter der Wurzel darf noch multipliziert werden
mit 0,85 bei Motoren für Schiffe in Wattfahrt und
mit 0,80 bei Motoren für Binnenschiffe.

Weiterhin sind folgende Punkte zu berücksichtigen:

Beiwert α

p_{mi} kp/cm²	$1/\alpha$	p_{mi} kp/cm²	$1/\alpha$
3,0	330	6,0	165
3,5	285	6,5	155
4,0	250	7,0	150
4,5	220	7,5	145
5,0	200	8,0	142
5,5	180	9,0	138
		10,0	136
		12,0	134
		15,0	132
		20,0	130

Beiwert C_1

Zylinder-zahl	Viertakt	Zweitakt	
	einfach-wirkend	einfach-wirkend	doppelt-wirkend
1	1,00	1,00	—
2	1,01	1,02	—
3	1,02	1,05	1,32
4	1,09	1,18	1,43
5	1,14	1,25	1,52
6	1,19	1,30	1,58
7	1,22	1,34	1,64
8	1,24	1,37	1,72
9	1,25	1,39	1,88
10	1,25	1,41	2,11
11	1,26	1,42	2,35
12	1,27	1,44	2,53

a) Hat der verwendete S.M.-Stahl eine Festigkeit von mehr als 50 kp/mm², so kann unter der Wurzel der Gl. (60) der Faktor C_w eingesetzt werden nach folgender Tabelle (σ_B = Mindestzugfestigkeit in kp/mm²):

σ_B	42	50	55	60	65	70	75[1]	80[1]
C_w	1,00	0,89	0,82	0,78	0,74	0,69	0,65[1]	0,62[1]

[1] Kommt nur für kleinere, gesenkgeschmiedete Wellen in Betracht.

b) Hohlbohrungen der Zapfen bis 0,4 d_k können unberücksichtigt bleiben; bei größerer Bohrung müssen die Zapfen entsprechend verstärkt werden.

c) Wangenabmessungen.

Mit h = axiale Länge der Wange,
b = Breite der Wange (Quer),
m = Seitenverhältnis = b/h

gemessen im Schnitt, der in der Mitte des Abstandes Wellenzapfen-Kurbelzapfen (= $R/2$) liegt, gilt die Vorschrift:

$$\frac{b\,h^2}{6} \text{ mindestens } 0{,}07\, d_k^3\,,\qquad \frac{h\,b^2}{6} \text{ mindestens } 0{,}165\, d_k^3 \tag{64}$$

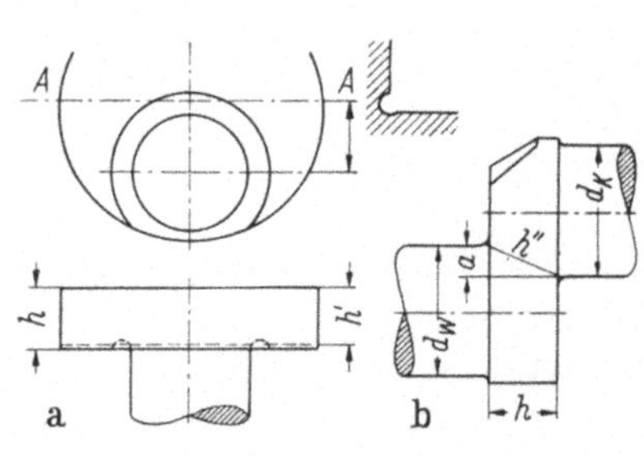

Abb. 103 a u. b.

und m möglichst nicht über 4.

Schneiden in dieser Schnittfläche Ausdrehungen der Hohlkehlen des Übergangs der Zapfen zur Wange ein, so ist diese fehlende Fläche auf die ganze Breite b zu verteilen und dementsprechend h auf h' zu vermindern (s. Abb. 103a).

Wenn Kurbel- und Wellenzapfen sich überschneiden, so ist es zulässig statt der axialen Länge h die Hypothenuse des Dreiecks h und der Überschneidung a einzusetzen (s. Abb. 103b).

Der Abrundungsradius der Übergänge der Zapfen zu den Wangen bzw. der eingedrehten Hohlkehlen soll mindestens

$$= 0{,}06\, d$$

betragen, wobei d = tatsächlich ausgeführter Wellendurchmesser.

d) Sicherungsbolzen, die in den Schrumpfsitz gebohrt werden, sind nicht zulässig.

e) Bei gebauten und halbgebauten Wellen muß die axiale Stärke der Wangen mindestens 0,62 d_k sein. Die radiale Dicke t der Wangen rund um den Schrumpfsitz muß mindestens sein

$$t = 0{,}44 \cdot d\,, \tag{65}$$

wobei d = Schrumpfdurchmesser der Welle.

f) Für die Ausbildung der Flanschkupplungen gelten nach Lloyds Register folgende Vorschriften:

Durchmesser der Kupplungsbolzen $d_1 = \sqrt{\frac{d_k^3}{3{,}5\, n \cdot r}}$,

wobei r = Teilkreisradius des Bolzenkreises, n = Anzahl der Bolzen. — Stärke des Kupplungsflansches mindestens $= d_1$, Übergangsradius von der Welle zum Flansch mindestens $\frac{1}{8} d_k$.

g) Für die Wellenleitung vom Motor zum Propeller, natürlich für alle Wellen ähnlichen Charakters gilt die Formel:

$$d_2 = \sqrt[3]{\frac{D^2 \cdot H \cdot p_{mi}}{C_2}}. \tag{66}$$

Hierin bedeuten:

d_2 = Durchmesser der Leitungswelle in cm,
D = Zylinderdurchmesser in cm,
H = Kolbenhub in cm,
p_{mi} = mittlerer indizierter Druck in kp/cm²,

Es gelten die gleichen Voraussetzungen, wie für die Kurbelwellenberechnung, auch die Reduktionsfaktoren für Wattfahrt und Binnenschiffahrt und für Verwendung eines Werkstoffes höherer Festigkeit[1].

Beiwert C_2

Zylinderzahl	Viertakt einfachwirkend	Zweitakt einfachwirkend	Zweitakt doppeltwirkend
1	206	162	—
2	167	130	—
3	128	97	98
4	123	90	46
5	105	86	70
6	99	83	49
7	90	80	48
8	84	73	37
9	82	64	35
10	79	56	29
11	77	50	26
12	73	43	23

Die Herstellung großer Kurbelwellen für Dieselmotoren, die oft für ein Stückgewicht von 20 bis 35 t erreichen, erfordert große Erfahrung und entsprechende Einrichtungen, nicht nur für Stahlwerk und Schmiede, sondern auch in der Bearbeitung der großen Stücke, zumal da die Toleranzen im Verhältnis zu den Abmessungen sehr gering sind. Als Beispiel seien vorgeschriebene Toleranzen für eine große halbgebaute Welle mit etwa 500 mm Wellendurchmesser (A) und eine kleinere Welle mit gehärteten Zapfen von etwa 200 mm Durchmesser (B) angegeben (Tab. 7).

Tabelle 7

Meßstellen	Toleranzen (A)	Toleranzen (B)
Durchmesser des Wellenzapfens	−0,068 mm	−0,015 bis −0,035 mm
Durchmesser des Kurbelzapfens	−0,088 mm	
Unrundheit des Wellenzapfens	0,043 mm	0,020 mm
Unrundheit des Kurbelzapfens	0,056 mm	
Stirnlaufabweichung der Kupplungsflanschen	0,030 mm	0,020 mm
Rundlaufabweichung der Kupplungsflanschen	0,040 mm	0,020 mm
Abweichung in der Stellung der Kurbelzapfen, gemessen im Kurbelkreis	±R/600 mm	±R/200 mm
Hublänge (2 R)	±R/900 mm	±R/900 mm
Parallele Lage der Kurbelzapfen zur Wellenachse, in 4 Lagen gemessen; 1 Skalenwert WL = 0,35 mm/lm	1/4 bis max. 1/2 WL	
gemessen mit Meßuhr		0,02/100 mm
Oberflächengüte der Zapfen (Rauheit)	max. 4 μ	max. 0,6 μ
Gesamtlänge der Welle	−(0,8 + L/5000) mm	−(0,5 + L/10000) mm
Rundlauf der Wellenzapfen bei sorgfältigem Lagern auf Wellenböcken	max. 0,09 mm	max. 0,05 mm

[1] Für Zweitaktmotoren mit 9 und mehr Zylindern kann auch Formel (62) verwendet werden.

VIII. Einbau und Ausrichtung

Es wurde schon mehrfach darauf hingewiesen, daß unsere Überlegungen und Berechnungen voraussetzen, daß die Lage und Richtung der Wellenachsen mit den Annahmen der Rechnung übereinstimmen. Natürlich ist es nicht möglich, daß sie dem mathematischen Ideal entsprechen, die Montage muß aber zum mindesten so ausgeführt sein, bzw. die Ausrichtung so erhalten bleiben, daß keine erheblichen Zwangskräfte auf die Wellen ausgeübt werden.

Im allgemeinen ist die richtige Montage eine Angelegenheit der Werkstätte; trotzdem ist es notwendig, daß der Konstrukteur sich über die möglichen Kontrollverfahren und etwaige Schwierigkeiten im klaren ist, damit er schon bei der Konstruktion die richtige Montage oder die Vorbereitung der Hilfseinrichtungen im Auge behält. Dabei muß er sich auch eine Vorstellung über die erforderliche Genauigkeit machen, und zwar aus der Steifigkeit der Wellen und Gehäuse und der ohne schädliche Wirkungen zulässigen Zwangskräfte. So läßt sich z. B. ohne weiteres übersehen, daß bei einer dreifach gelagerten durchlaufenden Welle von 150 mm Durchmesser und 2 m Spannweite eine Abweichung des mittleren Lagers von nur 0,2 mm aus der Mittellinie eine Zwangskraft von etwa 650 kg hervorruft [Formel (1), Tab. 1, S. 8]. Da diese Kraft im Raume feststeht, die Welle aber rotiert, entsteht in der Welle eine reine Wechselbiege-Beanspruchung (vgl. Abschn. I. B 2), die beim Vorhandensein von ungünstigen Kerben die erste Ursache für einen Dauerbruch sein kann. Das „Fluchten" der Lager muß also durch entsprechend genaue Bearbeitung bzw. durch genaue Meßwerkzeuge gesichert werden. Der Konstrukteur hat Vorkehrungen zu treffen, daß Bearbeitung und Messen auch ausführbar sind.

Bei jeder stationären Montage wird man zur Erleichterung aller Kontrollen zunächst den Grundrahmen so aufstellen und festlegen, daß er genau „im Wasser" liegt, d. h. daß die maßgebende Kontrollfläche z. B. Oberkante Grundplatte oder irgendeine horizontale Teilfläche genau waagerecht liegen. Hierzu benutzt man Wasserwaagen, die für den Maschinenbau genauer hergestellt werden, als sie im Bauwesen gewöhnlich verwendet werden. Durch eine Skaleneinteilung auf dem Laufweg der Luftblase wird die Abweichung von der Waagerechten meßbar gemacht. Es gibt verschiedene Einteilungen, üblich ist diejenige, bei der in Teilstrich Abweichung (= eine „Wasserlinie") einer Neigung von 0,30 mm auf 1 m Länge entspricht, d. h. etwa einer Minute. Da man gut $^1/_3$ bis $^1/_2$ „Wasserlinie" ablesen kann, ist ein Winkelfehler von 0,3 bis 0,5 min meßbar. Wenn ein Gehäuse, bzw. eine Grundplatte so genau waagerecht montiert ist, wird durch Anwendung der Wasserwaage die Montage aller weiteren einzubauenden bzw. anzusetzenden Teile sehr erleichtert.

Beim Einlagern einer Welle wird man selbstverständlich anstreben, daß auch diese genau waagerecht liegt. In den meisten Fällen wird sich dies aus der Bearbeitung der Lagerung von selbst ergeben, da man die wichtige Bezugsfläche für die Montage gleichzeitig als Bestimmungsfläche für die Ausrichtung des Bohrwerkzeuges wählt.

Sind zwei Wellen einzubauen, die durch eine starre Kupplung verbunden werden, so ist selbstverständlich Bedingung, daß beide Lagerungen genau fluchten. Diese Aufgabe ist am leichtesten zu lösen, wenn die Lager beider Wellen in einem Arbeitsgang, z.B. mit einer durchlaufenden Bohrspindel gebohrt werden. Dies ist z. B. heute für Motorengehäuse, Werkzeugmaschinen usw. allgemein üblich. Sind die zu verbindenden Wellen in zwei verschiedenen Gehäuseteilen oder überhaupt in zwei getrennt aufgestellten Gehäusen gelagert, so muß der zweite Teil nach dem ersten so ausgerichtet werden, daß die Mittellinien der Wellen übereinstimmen. Wenn dies praktisch nicht möglich ist, oder die Gefahr besteht, daß durch irgendwelche Einflüsse die Ausrichtung nicht erhalten bleibt, so müssen Kupplungen mit einer gewissen Bewegungsfreiheit vorgesehen werden.

Verfahren zur Ausrichtung von zwei Wellen

Grundsätzlich sind immer zwei Kontrollen notwendig:

a) Kontrolle der Übereinstimmung der Wellenmitten an der Kupplungsstelle. Diese Kontrolle kann entfallen, wenn eine gegenseitige Zentrierung durch Zentrier-Scheibe, -Ring oder Zapfen vorgesehen ist.

b) Kontrolle der Übereinstimmung der Wellenrichtung. Einige Methoden seien erläutert an der einfachen Aufgabe der Ausrichtung von zwei Wellen mit freien Enden, die z. B. durch eine Schalenkupplung zu verbinden sind.

Verfahren I. Wenn auf beiden Seiten genügend freie Länge zur Verfügung steht, läßt sich die Ausrichtung gut durch Auflagen eines Lineals kontrollieren. Man verwendet hierzu meistens Lineale mit scharfen Kanten, sog. Haarlineale. Dabei muß man natürlich sehr darauf achten, daß das Lineal parallel zur Welle aufgelegt wird.

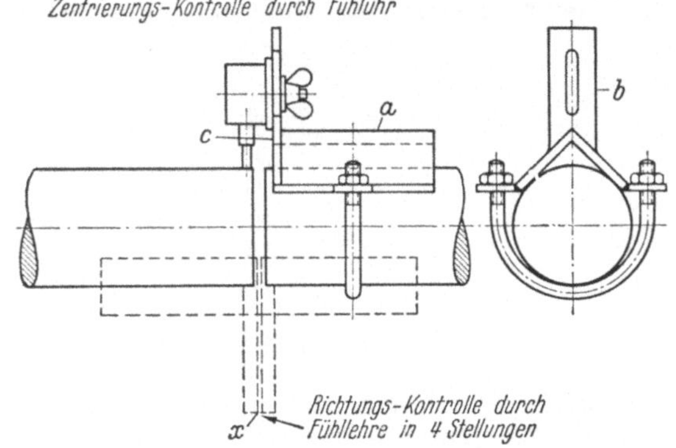

Abb. 104. Vorrichtung zum Ausrichten von zwei Wellenenden.

Verfahren II. Bei kurzen dicken Wellenstummeln bringt man die Welle 2 zunächst nach Augenmaß in Richtung und verbessert diese solange, bis der Abstand an vier um 90° versetzten Stellen der Endfläche genau gleich ist; mit der Fühlerlehre kann man etwa mit 0,05 mm Genauigkeit messen, dies entspricht bei etwa 150 mm Durchmesser der Wellenendflächen einer Abweichung von 1 bis 2 min.

Dabei muß natürlich vorausgesetzt werden, daß die beiden Wellenenden genau planparallel gedreht sind. Die Zentrierung wird geprüft, indem man auf der Welle I mit irgendeiner Klemme eine Fühluhr aufsetzt, die auf die Außenfläche der Welle II fühlt. Beim Drehen der Welle I darf kein oder nur ein ganz geringer Ausschlag entstehen.

Verfahren III. Wenn die Voraussetzungen für Verfahren II nicht gegeben sind, wird ein Ausrichtwerkzeug nach Abb. 104 benutzt. Der Winkel *a* mit dem Arm *b* und der genau senkrecht zum Winkel stehenden Fläche *c* wird durch Klemme oder Spannmuttern auf der Welle I befestigt. Die Zentrierung der Welle II wird dann genau wie bei dem vorigen Verfahren mit einer an dem Arm befestigten Fühluhr kontrolliert. Zur Richtungsprüfung klemmt man auf die Welle II einen gleichen Winkel und mißt nun beim Durchdrehen beider Wellen mit der Fühllehre den Abstand x. Wenn beide Wellen fluchten, muß der Abstand in allen Stellungen gleich ausfallen. Selbstverständlich muß man darauf achten, daß bei diesem Vorgang nicht die Zentrierung wieder verloren geht; man muß diese nochmals mit der Uhr kontrollieren.

Verfahren IV. Hat man öfters Wellen mit den gleichen Durchmessern auszurichten, so empfiehlt es sich, passende Zentrierflanschen zu drehen, die man auf die Wellenenden mit Schiebesitz aufsetzt und mit einer Stellschraube festsetzt. Die Zentrierung wird dann durch Fühluhr an einem Außenflansch oder auch durch Haarlineal über beide Flanschen geprüft. Die Richtung ergibt sich aus der Messung des Abstandes an vier um 90° versetzten Stellen des Umfanges.

Das gleiche Verfahren gilt selbstverständlich auch, wenn die Wellen von Haus aus mit Flanschkupplungen versehen sind.

Verfahren V. Es kommt manchmal vor, daß die obigen 4 Methoden nicht angewendet werden können, weil die benötigten Meßflächen bei der Montage nicht zugänglich sind (dies sollte der Konstrukteur möglichst vermeiden!). Dann ist der beste und sicherste Weg, eine durchlaufende Meßwelle anzufertigen, die genau dieselben Lagerdurchmesser wie die beiden zu kuppelnden Wellen hat. An Hand dieser Welle lassen sich nun die beiden Lagerungen gut ausrichten und nötigenfalls auch zu einwandfreiem Lauf einschaben. Die Gehäuse bzw. Lagerkörper werden dann genau fixiert, die Meßwelle herausgenommen. Nun kann man die beiden

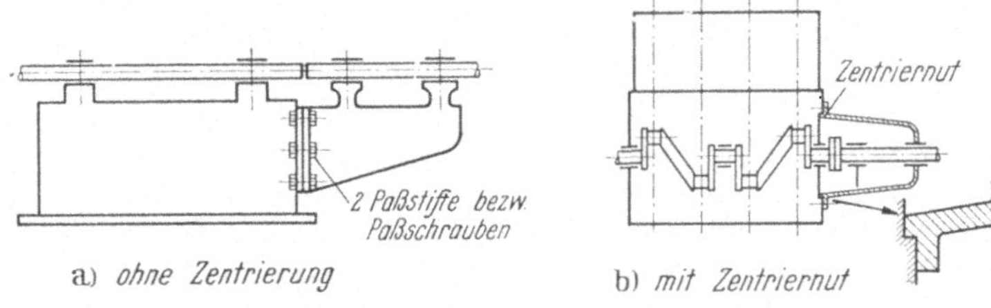

Abb. 105a u. b. Montagegruppe, Paßfläche senkrecht zur Wellenachse.

Wellenstücke einbauen und sofort kuppeln. Grundsätzlich ist für die Ausrichtung von zwei Baugruppen, deren Wellen zu kuppeln sind, noch Folgendes zu beachten:

Die Grundgruppe muß zunächst einwandfrei festgelegt sein (z. B. mit der Wasserwaage oder anderen Montagehilfsmitteln). Auch muß deren Welle in der endgültigen Lage zwangsfrei eingebaut sein. Die zweite Gruppe, die an die erste angebaut oder neben dieser aufgestellt werden soll, muß die *nötige Bewegungsfreiheit* haben, um die Einstellung nach der Grundgruppe zu ermöglichen. Leichte Einstellmöglichkeit in den zu erwartenden Richtungen durch Anbringen von Stellschrauben oder Keilen zur Feinbewegung können den Zeitaufwand außerordentlich verkürzen. (Besonders wichtig für große, schwere Gruppen!) Zu klären ist auch, wo und wie die Welle axial festgelegt werden soll, wobei bei langen Wellen auch auf die Wärmedehnung Rücksicht genommen werden muß. Meistens wird die Welle in der ersten Gruppe festgelegt, dann muß sie bei starrer Kupplung in der zweiten Gruppe ein gewisses Längsspiel besitzen. Ist dies mit Rücksicht auf die Funktion in der zweiten Gruppe nicht möglich, so muß entweder eine längsbewegliche Kupplung eingebaut werden (vgl. Kap. IV), oder es muß auf die Fixierung in der ersten Guppe verzichtet werden.

Wird die zweite Gruppe an einer Paßfläche befestigt, die senkrecht zur Wellenachse liegt (Abb. 105), so kann man sich bei den heutigen Bearbeitungsmethoden meist darauf verlassen, daß die beiden Flächen senkrecht zur Linie der Lagermitten stehen. Dann beschränkt sich die Ausrichtung nur auf die Zentrierung, d. h. die Bewegung in Richtung der Ebene.

Der Zeitaufwand für die Zentrierung entfällt, wenn die Form des Flansches und die Art der Bearbeitung die Möglichkeit geben, in der Ebene eine Zentriernut anzubringen.

Liegt die Befestigungsebene parallel zur Wellenachse (Abb. 106), so ist die Ausrichtung schon etwas schwieriger. Im allgemeinen kann man auch hier voraussetzen, daß die beiden Ebenen genau parallel zu den Wellenachsen liegen. Die Höhenlage der zweiten Gruppe muß dann durch ausgemessene Beilagen festgelegt werden, die Zentrierung und gleiche Achsrichtung ist dann durch seitliches Verschieben zu erreichen. Fixierung durch zwei Paßstifte oder Paßschrauben muß vorgesehen werden.

Besondere Maßnahmen sind erforderlich, wenn eine oder beide Wellen durch schwere Gewichte belastet sind, oder wenn zwischen den Kupplungsscheiben ein schweres Schwungrad angebracht werden muß. Die belastete Welle ist dann durchgebogen, das freie Wellenende, nach dem wir uns bei der Ausrichtung richten wollen, zeigt eine Abweichung gegenüber der ideellen Achsrichtung (Abb. 107a u. b). Richtet man nach diesem Wellenende die anschließende Welle aus, so kommt sie in Verlängerung der ersten in eine Schräglage, was unter Umständen große Schwierigkeiten bereitet, insbesondere, wenn man wegen der vorhandenen Paßflächen dieser Abweichung nicht folgen kann.

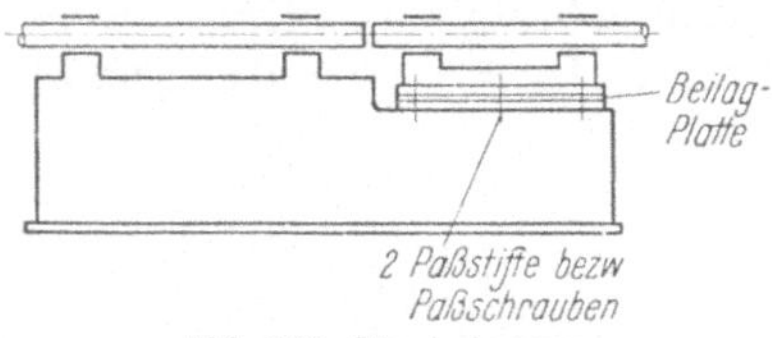

Abb. 106. Montagegruppe, Paßfläche parallel zur Wellenachse.

Diese Schwierigkeiten kann man mit einer anderen Methode umgehen, die auf eine Ausrichtung genau in Achsrichtung hinzielt. Hierbei ist es notwendig, die Welle von der Gewichtsbelastung zu befreien; wenn dieses Gewicht ohne großen Aufwand lösbar ist, wäre also die Ausrichtung ohne Gewicht vorzunehmen. In den meisten Fällen sind aber die Gewichte bereits auf den Wellen befestigt. Dann ist es notwendig, das Gewicht (Rotor, Schwungrad) vorsichtig zu unterkeilen, bis das Wellenende genau axial liegt. Bei stationären Montagen läßt sich dies leicht

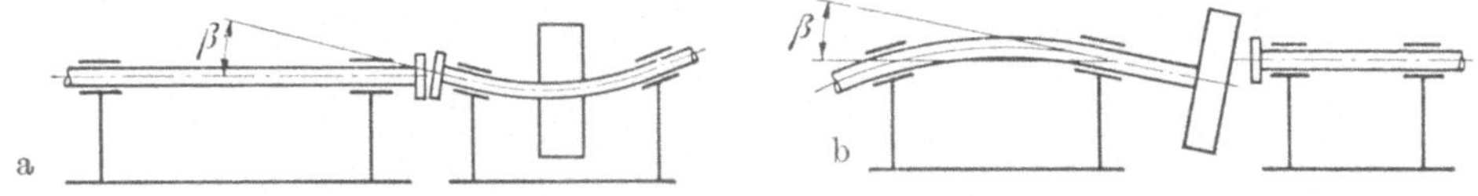

Abb. 107a u. b. Durchbiegung der Wellenenden bei schwer belasteten Wellen. a) Belastung (Rotor) zwischen den Lagern; b) Belastung (Schwungrad) freifliegend.

mit der Wasserwaage nachprüfen (Auflegen auf das Wellenende, oder anlegen der Winkel-Wasserwaage an die Flanschfläche). Wenn die Wasserwaage nicht verwendbar ist (z. B. bei Montage auf Schiffen oder Fahrzeugen), muß man versuchen die axiale Lage nach Kontrollflächen festzustellen. Am einfachsten ist, die Gewichtsbelastung soweit auszugleichen, bis die Welle eben in den Lagern liegt, was man mit der Fühlerlehre an den Lagerkanten feststellen kann.

Welche von den beiden Methoden anzuwenden ist, muß in jedem Falle auf Grund der Belastungsverhältnisse erwogen werden. Bei dem ersten Verfahren bleibt beim Ankuppeln der zweiten Welle die Beanspruchung und Belastung in der ersten Welle unverändert, bei der zweifach gelagerten Welle bleiben also die klaren Verhältnisse der statischen Bestimmtheit erhalten.

Bei dem zweiten Verfahren ergibt die starre Kupplung der beiden Wellenteile die Belastungsverhältnisse einer durchlaufenden mehrfach gelagerten Welle, die also statisch unbestimmt ist. Wenn die Steifigkeit der Anschlußwelle einigermaßen entspricht, gewinnt man mit diesem Verfahren den Vorteil, daß die Durchbiegung und Beanspruchung der belasteten Welle vermindert wird. Dafür muß man aber in Kauf nehmen, daß in der Kupplung ein Biegungsmoment übertragen wird und die Anschlußwelle mit zur Aufnahme der Belastung herangezogen wird.

Es ist sehr wichtig, daß der Konstrukteur diese Verhältnisse überblickt und die nötigen Montageanweisungen herausgibt.

An einem einfachen Beispiel soll noch gezeigt werden, wie man mit einer Konstruktion, die dem Auge denkbar einfach erscheint, die Montage vor eine kaum lösbare Aufgabe stellen kann. Bei dem Gebläseantrieb nach Abb. 108 muß das Gebläse *1* so an einer der Gebläsewelle parallelen Flächen montiert werden, daß die an die Gebläsewelle angeflanschte Ritzelwelle *7* einwandfrei in das große Antriebszahnrad *3* eingreift. Das außen angebrachte Flanschlager *12, 13* kann aber erst angebracht und fixiert werden, wenn die Ausrichtung nach der Verzahnung stimmt. Diese Ausrichtung ist aber wieder schwierig, da ohne das Flanschlager die

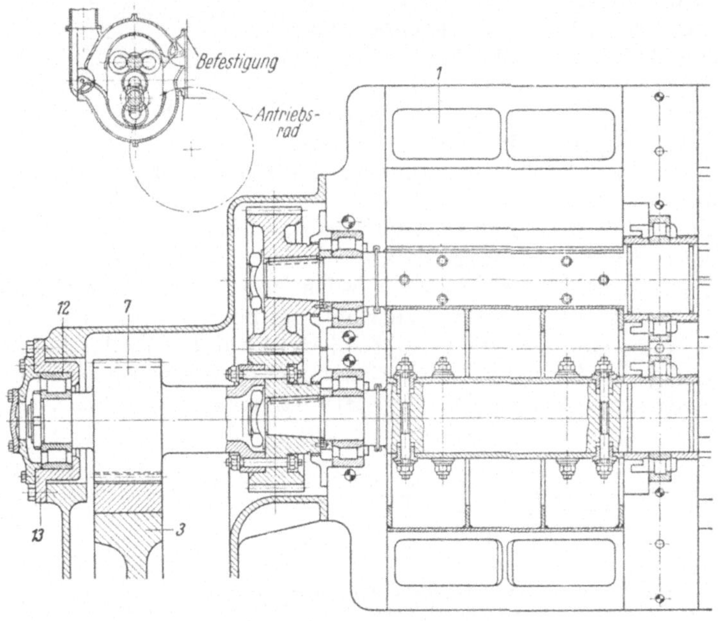

Abb. 108. Schwer auszurichtende Anordnung einer Gebläsewelle.

Ritzelwelle etwas herunterhängt, d. h. nicht genau in der eigentlichen Wellenrichtung liegt. Die zwangsfreie Ausrichtung gelingt nur durch ein mühseliges, große Sorgfalt erforderndes Probierverfahren, ist also umständlich und kostspielig, die Sicherheit hängt von der Sachkenntnis und Sorgfalt des Monteurs ab; die Konstruktion ist daher nicht als zweckmäßig anzusehen.

Besondere Verhältnisse liegen für die Lagerung und Ausrichtung von Kurbelwellen vor. Wellen mit vielen Kurbeln sind wegen ihrer Länge und der Form der Kröpfungen nicht steif genug, um selbst als Richtmaß für einwandfreie, zwangsfreie Lagerung zu dienen. Voraussetzung dafür ist zunächst, daß sämtliche Lager genau fluchten, was durchwegs durch gemeinsames Ausbohren mit einer sorgfältig gestützten Bohrstange erreicht wird. Dabei müssen Grundplatte oder Gestell natürlich zwangsfrei gelagert sein, durch entsprechende Aufnahmevorrichtungen und Stützen der Bohrvorrichtung oder bei ganz großen Grundplatten durch genaue Kontrolle mittels Wasserwaage.

Es gibt ein verhältnismäßig einfaches Verfahren, um die zwangsfreie Lagerung einer großen Kurbelwelle zu überprüfen. Sie beruht auf der Verformung einer Kröpfung unter dem Einfluß eines Biegungsmomentes, die in Abb. 109 skizziert ist. Das rechts im Uhrzeigersinn wirkende Moment verursacht eine Zusammendrückung der Kurbel, wenn diese im oberen Totpunkt steht, eine Erweiterung bei Stellung im unteren Totpunkt. Dreht man also eine Kurbel, die unter dem Einfluß eines Zwangsmomentes in einer beliebigen Ebene steht, einmal um 360°, so

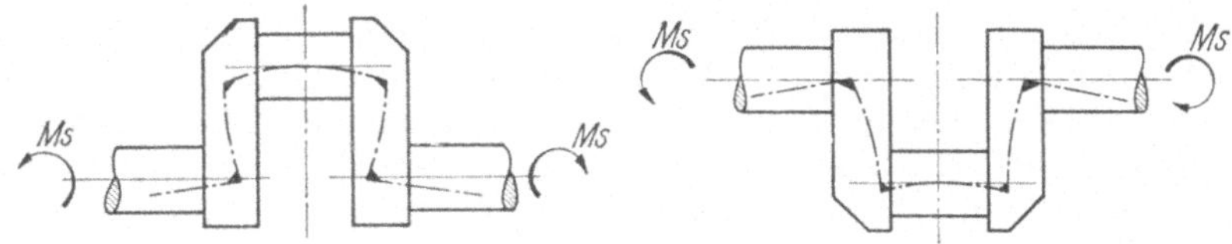

Abb. 109. Verformung einer Kröpfung unter dem Einfluß von Zwangsmomenten.

durchläuft sie die beiden Stellungen der größten Zusammendrückung und Ausweitung. Solange die Treibstangen nicht eingebaut sind, kann man diesen Vorgang genau verfolgen, indem man einen Maßstab mit einer Fühluhr zwischen die Schenkel spannt. Man erhält dann beim Durchdrehen die „Schenkeldifferenz" und auch die Lage des Zwangsmomentes. Ein geeignetes Meßgerät liefert die Fa. Bemer, Darmstadt. Gewöhnlich muß man aber die Messungen bei fertig montierter Maschine machen (also mit eingebauten Treibstangen) oder man hat die obenerwähnte Meßeinrichtung nicht zur Verfügung. Man mißt dann die Schenkeldifferenz in den senkrechten und waagerechten Kurbelstellungen mit einem Mikrometerstab und zwar in jeder Stellung an den außen liegenden Stellen der Schenkel, die man vorher sauber feilt und markiert. Von den beiden Maßen links und rechts wird der Mittelwert als gültig betrachtet (vgl. Abb. 86).

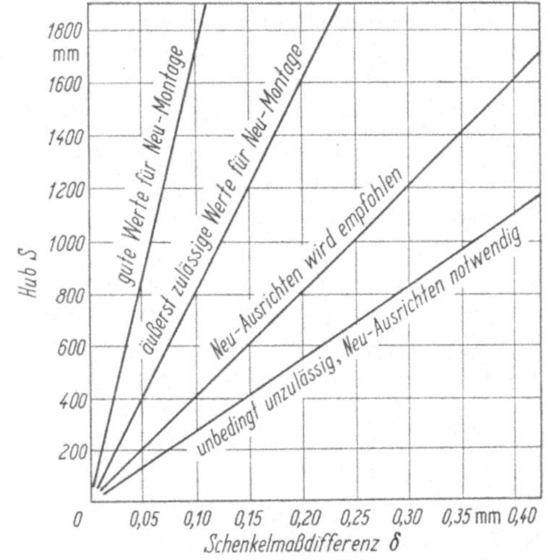

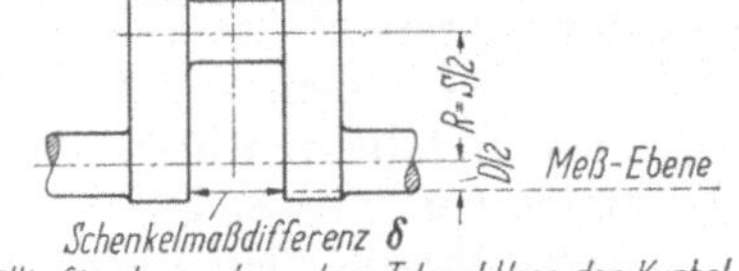

Abb. 110. Zulässige Schenkelmaße für große Kurbelwellen.

Die Frage, welche Schenkeldifferenz als zulässig zu betrachten ist, kann nur aus der Erfahrung beantwortet werden; der Zusammenhang zwischen Schenkeldifferenz, Zwangsmoment und verursachter Beanspruchung ist insbesondere von dem Verhältnis vom Kurbelradius zur Steifigkeit des Kurbelzapfens und der Wange bestimmt. In letzter Zeit haben sich die Motorenfirmen und die Klassifikationsgesellschaften bemüht, klare Anweisungen über noch zulässige Schenkelabweichungen zu geben. Für die üblichen Schiffsmotorenwellen werden sie als proportional zum Hub angenommen und dann in etwa folgender Weise angegeben:

a) Für die Erstmontage anzustreben.
b) Für die Erstmontage gerade noch zulässig.

Unter Berücksichtigung der im Schiffsbetrieb unvermeidlichen Verformungen wird weiter angegeben:

c) Welche Abweichung im späteren Betrieb als noch zulässig zu betrachten ist.
d) Wann eine Neuausrichtung des Motors zu empfehlen ist.
e) Wann sie unbedingt notwendig ist.

Ein solches Diagramm der MAN, das den Vorschriften von Lloyds Register ungefähr entspricht, zeigt Abb. 110.

Vom German. Lloyd sind in den neuesten Vorschriften von 1964 (Abschn. 2 A, Anhang A) auch Berechnungsunterlagen geschaffen worden, die für verschiedene Formen von Wellen die durch die Zwangslage der Welle entstehende Wechselbeanspruchung der Kurbel errechnen läßt. Der Zusammenhang zwischen Schenkelmaß-Differenz (Unterschied zwischen U.T. und O.T.-Stellung) und dem in der Kurbel dann wirkenden Biegemoment M kann durch folgende Näherungsformel berechnet werden.

$$\delta = \frac{4\,M}{E}\left[\frac{l\,(R+f)}{J_1} + \frac{\frac{R^2}{2} + R\cdot f}{J_2}\right]. \tag{67}$$

$$J_1 = \frac{\pi \cdot d^4}{64}, \qquad J_2 = \frac{b \cdot h^3}{12} \quad \text{(vgl. Abb. 86).}$$

Aus dem berechneten Moment M kann man dann aus den Angaben S. 76/78 die Beanspruchungen im Kurbelzapfen und der Wange berechnen. Auch die im Kap. II auf S. 49 angegebene Formel von Kjaer kann benutzt werden, mit Hinweis auf zugelassene zusätzliche Beanspruchungen.

Die Schenkelmaße sind in jeder Situation eine Kontrolle für die Ausrichtung der Welle, ja sogar der ganzen Maschine. Nimmt man z. B. bei der Werksmontage einer großen Schiffsmaschine die Schenkelmaße, so dienen diese einschließlich der Kontrollmaße der Grundplatte als Prüfstein der richtigen Montage an Bord, wo ja die Kontrolle mit der Wasserwaage versagt.

Sehr wichtig ist die Nachmessung der Schenkelmaße an der nächsten oder an den beiden nächsten Kurbeln, wenn die Maschine mit irgendeinem anderen Aggregat (Generator, Getriebe, Drucklager usw.) gekuppelt wird. Nachdem man das anzukuppelnde Aggregat mit den anfangs erläuterten Verfahren nach dem Kupplungsflansch ausgerichtet hat, wird nun fest gekuppelt und dann die Endkontrolle an der nächsten Kurbel durchgeführt. Aus der Variation der Schenkelmaße erkennt der erfahrene Monteur sofort, wie er die Lage der angekuppelten Maschine noch ändern muß, um den Zwang auf die Kurbelwelle auf das zulässige Maß zurückzubringen.

Die Frage der Durchbiegung, Beanspruchung und Lagerbelastung ist dann besonders sorgsam zu untersuchen, wenn an einen Motor ein Aggregat (z. B. Generator) angebaut wird, der nur ein Außenlager besitzt, so daß also das letzte Motorlager als dessen zweites Stützlager dient. Um die Verhältnisse klar zu durchsehen und die richtigen Montageanweisungen geben zu können, sind folgende Untersuchungen notwendig:

1. Aufzeichnung der Durchbiegungslinie der Generatorwelle mit den Stützpunkten Außenlager und letztes Motorlager. Vergleich mit der von der E-Firma zugelassenen größten Durchbiegung (vgl. Abschn. I. D).

2. Nachrechnung der zusätzlichen Lagerbelastung im letzten Motorlager, wobei man gemäß der beabsichtigten Montagemethode die Verhältnisse der statisch bestimmten zweifach gelagerten Welle zugrundelegen kann. Für die zusätzliche Lagerbelastung dürfte bei Druckschmierung ein Grenzwert von $p \cdot v = 40$ kp/cm² · m/sec einzusetzen sein.

3. Der Neigungswinkel α_1 der Durchbiegungslinie auf Motorseite gibt einen Anhaltspunkt, mit welcher Abweichung von der Waagerechten die Welle zu mon-

tieren ist, wenn ein Zwangsmoment in der Kurbelwelle vermieden werden soll. Das Außenlager ist ungefähr um den Betrag $\alpha_1 \cdot l$ (l = Lagerabstand) höher zu rücken, als es durch die Verlängerung der Kurbelwellenachse gegeben wäre.

4. Bei starker Durchbiegung entsteht durch die Schräglage der Welle im Außenlager eine Zwängung, die zu Lagerstörungen führen kann. Das Lager ist etwas nach der Belastung hin zu neigen. Theoretisch wäre der Neigungswinkel $\alpha_1 + \alpha_2$ (α_2 Neigung der Durchbiegungslinie am Außenlager).

Diese Angaben sind eine Grundlage für die richtige Montage, aber nur Anhaltspunkte, schon deswegen, weil eine genaue Messung nach den angegebenen Anweisungen sehr schwierig ist. Maßgebend ist stets die Endkontrolle der Schenkelmaße an der ersten Kurbel.

Zum Schluß sei noch bemerkt, daß diese Kontrolle nach längeren Betriebsperioden, bzw. bei Unregelmäßigkeiten an den beiden Stützlagern wiederholt werden sollte. Starke Abweichungen gegenüber den ersten Messungen sind ein Hinweis auf Verlagerungen, z. B. Fundamentsenkungen, abnormale Lagerabnützung oder dgl. Rechtzeitige Gegenmaßnahmen können vor schweren Schäden, z. B. Lagerstörungen oder Wellenbrüchen, bewahren.

Schrifttumsverzeichnis

[1] HÜTTE, des Ingenieurs Taschenbuch, Bd. I: Theoretische Grundlagen, 28. Aufl., Berlin: Ernst & Sohn 1955, S. 872. — Dubbels Taschenbuch für den Maschinenbau, Bd. I, 12. Aufl., 2. ber. Ndr., Berlin/Heidelberg/New York: Springer 1966, S. 362 ff.

[2] HÜTTE, des Ingenieurs Taschenbuch, Bd. III: Bautechnik, 28. Aufl., Teil 1, Abschn. IV u. V, Berlin: Ernst & Sohn 1956.

[3] GESSNER, A.: Mehrfach gelagerte, abgesetzte und gekröpfte Kurbelwellen, Berlin: Springer 1926.

[4] HEMPEL, M.: Das Dauerschwingverhalten der Werkstoffe. VDI-Z. 104 (1962) 1362 bis 1377.

[5] HEMPEL, M.: Gegenwärtiger Stand der Kenntnisse über die Betriebsfestigkeit von Stählen. Stahl u. Eisen 1964, S. 485—491.

[6] THUM/KIRMSER: Überlagerte Wechselbeanspruchung bei quergebohrten Wellen. VDI-Forsch.-Heft 419.

[7] PUCHNER, O.: Zur Dauerhaltbarkeit von Formelementen der Welle bei überlagerter wechselnder Biege- und Verdrehbeanspruchung. Schweizer Arch. angew. Wiss. Techn. 1948, Nr. 8.

[8] NEUBER, H.: Kerbspannungslehre, 2. Aufl., Berlin/Göttingen/Heidelberg: Springer 1958.

[9] HEROLD, W.: Drehschwingungsfestigkeit abgesetzter, genuteter und durchbohrter Wellen. Z. VDI 1937, S. 505—509.

[10] SORS, L.: Die Berechnung der Dauerfestigkeit von Maschinenteilen, Budapest: Verlag d. Ung. Akademie der Wissenschaften 1963.

[11] MAASS, H.: Die Gestaltfestigkeit von Kurbelwellen, insbesondere nach den Forderungen der Klassifikationsgesellschaften. MTZ 1964, S. 391—405.

[12] BECKER, G., K. DAEVES u. F. STEINBERG: Korrosionsschutz durch Chromdiffusion. Stahl u. Eisen 1941, S. 289—294; auch Z. Schiffbau 1942, S. 40.

[13] JÜNGER, A.: Mitt. Forsch.-Anst. Gutehoffn., Nürnberg, Juli/August 1934.

[14] MÜHLBERGER, H.: Über die statischen und dynamischen Festigkeitseigenschaften von Gußeißen mit Kugelgraphit. Gießerei 1960, S. 614—622.

[15] STODOLA, A.: Dampf- und Gasturbinen, 6. Aufl., Berlin: Springer 1924.

[16] HOLBA, J.: Berechnungsverfahren z. Bestimmung d. kritischen Drehzahlen von geraden Wellen, Wien: Springer 1936.

[17] Lloyds Register of Shipping, London 1965.

[18] BIBER, W.: Schwingungsdämpfung an Dieselmotorenanlagen. Brennstoff- u. Wärmew. 1939, S. 193.

[19] HOLZER, K.: Die Berechnung der Drehschwingungen, Berlin: Springer 1921.

[20] HAUG, K.: Die Drehschwingungen in Kolbenmaschinen, Konstruktionsbücher Bd. 8/9, Berlin/Göttingen/Heidelberg: Springer 1952.

[21] KLOTTER, K.: Technische Schwingungslehre, Bd. 2: Schwinger von mehreren Freiheitsgraden (Mehrläufige Schwinger), 2. Aufl., Berlin/Göttingen/Heidelberg: Springer 1960.

[22] GEISLINGER, L.: Theorie des Resonanzschwingungsdämpfers. Ing.-Arch. V (1934) 146.

[23] GEISLINGER, L.: Drehschwingungen von Systemen mit gleichmäßig verteilten Massen. Werft Reed. Hafen 1937, S. 334—338; Mitt. Forsch.-Anst. Gutehoffn., Nürnberg, Januar 1939. — DRAMINSKY, P.: Sekundäre Resonanz bei Schwingungen von Kurbelwellen. MTZ 1966, S. 244—247.

[24] BENZ, W.: Die Erregung der Längsschwingungen von Kurbelwellen. MTZ 1960, H. 8.

[25] KERN, G. H.: Längsschwingungen von Kurbelwellen großer Schiffsdieselmotoren. MTZ 1960, H. 2.

[26] RUPP, A.: Längsschwingungen in Schiffswellensystemen. Dissertation T.H. Karlsruhe 1964.

[27] PEITER, A.: Theoretische Spannungsanalyse an Schrumpfpassungen. Konstruktion 1958, S. 411—416.

[28] FRIEDRICHS, J. : DieProblematik der formschlüssigen Verbindungselemente zwischen Nabe und Welle. Konstruktion 1960, S. 169—171.

[29] CORNELIUS, E.-A.: Die Dauerdrehwechselfestigkeit von Wellen unter dem Einfluß von Preßsitzen (Auszug aus einer Dissertation von G. MANNESMANN). Konstruktion 1957, S. 299—303. — Derselbe: . . . unter dem Einfluß verschiedener Verbindungen zwischen Welle und Nabe. Konstruktion 1958, S. 112—113. — CORNELIUS, E.-A., u. D. CONTAG: Die Festigkeitsminderung von Wellen unter dem Einfluß von Wellen-Naben-Verbindungen durch Lötung, Nut und Paßfeder, Kerbverzahnungen und Keilprofile bei wechselnder Drehung. Konstruktion 1962, S. 337—343.

[30] CORNELIUS, E.-A., u. P. SCHMIDT: Das Ringfederspannelement als Verbindung von Welle und Nabe. Konstruktion 1961, S. 91—100.

[31] Katalog der Ringfeder GmbH, 415 Krefeld-Uerdingen, Duisburgerstr. 145.

[32] JÜRGENSMEYER, W.: Gestaltung von Wälzlagerungen, 2. Aufl. bearbeitet v. H. v. BEZOLD, Konstruktionsbücher Bd. 4, Berlin/Göttingen/Heidelberg: Springer 1953.

[33] Prospekt u. Anweisungen der Fa. Stieber-Rollkupplung, 8 München 23.

[34] MUNDT, R.: Die Anwendung des Druckölverfahrens bei Preßverbänden im Schiffsmaschinenbau. Jahrb. STG 45 (1951) 189—197.

[35] FINCKE, W.: Die Anwendung des Druckölverfahrens im Schiffsmaschinenbau. Schiff u. Hafen 1961, S. 139—145.

[36] K-Profil-Handbuch der Fa. E. Krause & Co., Wien; Liste der K-Profil-Lehren der Mauser-Werke AG, 7238 Oberndorf (Neckar); s. auch ATZ 1939, S. 241.

[37] WOLF, M.: Strömungskupplungen und Strömungswandler, Berlin/Göttingen/Heidelberg: Springer 1962.

[38] STÖLZLE, K., u. S. HART: Freilaufkupplungen, Konstruktionsbücher Bd. 19, Berlin/Göttingen/Heidelberg: Springer 1961.

[39] Sonderdrucke der Fa. Hirth AG, 7 Stuttgart-Zuffenhausen; Z. VDI 1939, Nr. 31; Werkst. u. Betr. 1941, H. 10; MTZ 1940, H. 10.

[40] GÖBEL, E. F.: Berechnung und Gestaltung von Gummifedern, 2. Aufl., Konstruktionsbücher Bd. 7, Berlin/Göttingen/Heidelberg: Springer 1955.

[41] REINECKE, W.: Konstruktionsrichtlinien für Gelenkwellenantrieb. MTZ 1958, H. 10 u. 12.

[42] ILERI, H.: Ein Beitrag zur Kinematik des Kardangelenkes. Konstruktion 1958, S. 431 bis 435.

[43] LEHR, E., u. F. RUEF: Beitrag zur Frage der Dauerhaltbarkeit der Kurbelwellen von Groß-Dieselmotoren. MTZ 1943, S. 349—357.

[44] NEUGEBAUER, G. H.: Kräfte in den Triebwerken schnellaufender Kolbenkraftmaschinen, ihr Gleichgang u. Massenausgleich, 2. Aufl., Konstruktionsbücher Bd. 2, Berlin/Göttingen/Heidelberg: Springer 1952.

[45] BENSINGER, W.-D., u. A. MEIER: Kolben, Pleuel und Kurbelwelle bei schnellaufenden Verbrennungsmotoren, 2. Aufl., Konstruktionsbücher Bd. 6, Berlin/Göttingen/Heidelberg: Springer 1961.

[46] STAHL, G.: Der Einfluß der Form auf die Spannungen in Kurbelwellen. Konstruktion 1958, S. 61—67.

[47] SIMONETTI, G.: Zur Berechnung von Kurbelwellen großer Abmessungen. Cimac-Kongreß Paris 1951.

[48] ANDERSSON, G. u. Mitarb.: Stresses in Crankshafts for large Diesel-Engines. Cimac-Kongreß Kopenhagen 1962.

[49] KRITZER, R.: Mechanik, Beanspruchungen und Dauerbruchsicherheit der Kurbelwellen schnellaufender Dieselmotoren. Konstruktion 1961, H. 11 u. 12.

[50] KRITZER, R.: Die dynamische Festigkeitsberechnung der Kurbelwelle. Konstruktion 1958, S. 253—260.

[51] Siehe [17] und Germanischer Lloyd; Norske Veritas; Büro Veritas, Frankreich; American Büro of Shipping.

[52] ARCHER, S.: Some Influences on the Life of Marine Crankshafts. Lloyds Register No. 22 u. 22a (1963).

[53] Belastung und Tragfähigkeit von Flugmotorenkurbelwellen. Vorträge der Hauptversammlung der Lilienthal-Gesellschaft 1937.

[54] BANDOW, K.: Gegossene Kurbelwellen. Automobil-Industrie, April 1957.

[55] RÖMER, E.: Die Oberfläche von Lagerzapfen von gegossenen Wellen. Ing.-Bericht Nr. 2 (1964) der Glyco-Metallwerke Wiesbaden.

[56] MÜHLBERGER, H.: Kurbelwellen aus Gußeisen mit Kugelgraphit. VDI-Z. 1959, S. 713 bis 718.

[57] Gas and Oil Power, London, No. 722/23 (1965).

[58] Wuppermann, A. Th.: Die Dauerhaltbarkeit von Kurbelwellen und ihre Beurteilung in Ablieferungsprüfungen. Stahl u. Eisen 1957, S. 1117–1122.
[59] Wuppermann, A. Th., M. Pfender u. E. Amedick: Einfluß von Oberflächenfehlern auf die Dauerhaltbarkeit von Kurbelwellen, Düsseldorf: Verlag Stahleisen 1958.
[60] Pfender, M. u. Mitarb.: Einfluß der Formgebung auf die Spannungsverteilungen in Kurbelkröpfungen. MTZ 1966, S. 225–236.
[61] Langballe, M.: Ivestigation into the Stressing of Crankshafts for large Diesel Engines. Vortrag im Institute of Marine Engineers, London, 10. 5. 1966.
[62] VDI-Ber. Nr. 73: Wellenkopplungen (Anfahren, Schwingungsdämpfen, Schalten), Düsseldorf 1963.

Sachverzeichnis

Berichtigungen

S. 12, letzte Formel, 1. Zeile: statt $16\,a^2$ im Zähler lies a^2

S. 13, Zeile 14 v. u.: statt $\sigma_v = 0$ lies $\sigma_r = 0$

S. 34, Zeile 3 v. o.: statt $\tan\beta' = \frac{\triangle' y}{\triangle x}$ lies $\tan\beta' = \frac{\triangle y'}{\triangle x'}$

S. 34, Gl. (27): Die Gleichung lautet richtig:

$$\tan\beta = \frac{\triangle y}{\triangle x} = \frac{\triangle y'}{\triangle x'} \cdot \frac{i \cdot H \cdot f \cdot m^3}{h \cdot m} = \tan\beta' \cdot \frac{i \cdot H \cdot f \cdot m^2}{h}$$

S. 104, Lit. [*62*]: statt Wellenkopplungen lies Wellenkupplungen